Gut zu wissen

Inhalt

Wie sieht es in dir aus?

Susan Meredith
Entwickelt von Linda Dark
Illustrationen von Kuo Kang Chen, Colin King und Peter Wingham

Überarbeitet von Philippa Wingate
Dank an Katarina Dragoslavić und Rosie Dickins
Berater: Dr. Kevan Thorley
Aus dem Englischen von Ellen Oberlies

Was geht in deinem Körper vor?

Dein Körper besteht aus einer Menge verschiedener Teile. Jeder Teil hat seine ganz bestimmte, wichtige Aufgabe. Alle Teile müssen gut zusammenarbeiten, damit du lebendig und gesund bleibst.

Auch beim Spielen laufen viele komplizierte Vorgänge in deinem Körper ab.

Dein Gehirn sagt all deinen Körperteilen, was sie tun sollen.

Geräusche hörst du mit deinen Ohren. Deine Ohren helfen dir auch, das Gleichgewicht zu halten.

Deine Muskeln bewegen dich, wenn du einen Ball werfen oder fangen willst.

Deine Augen leisten Schwerarbeit, wenn sie den Ball verfolgen.

Manchmal beginnen deine Muskeln zu schmerzen. Das sagt dir, dass du eine Pause einlegen solltest.

Fühler in deinem Körper, Nerven genannt, sagen dir, was dein Körper tut und was mit ihm passiert.

Dein Mund formt Laute zu Worten.

Wenn du hinfällst und dir dabei das Knie aufschürfst, blutet es vielleicht ein wenig. Doch dein Körper heilt die Wunde schnell selbst.

Dein Körper hat ein Gerüst aus Knochen, das ihn immer in seiner Form hält.

Wenn du stark geschwitzt hast, bist du vermutlich durstig.

Wenn es heiß ist, schwitzt du viel und die Adern in deiner Haut weiten sich. So verschafft sich dein Körper Kühlung.

Mit deiner Nase kannst du den Duft der Blumen riechen.

Essen und Trinken wandern durch deinen Körper. Um die Reste loszuwerden, musst du auf die Toilette.

Vielleicht kannst du deinen Herzschlag spüren. So wird das Blut durch deinen Körper gepumpt, damit du Kraft hast.

Du atmest tief ein, um zusätzliche Energie zu bekommen.

Babys entdecken und lernen immer.

Du wächst ständig.

Deine Organe

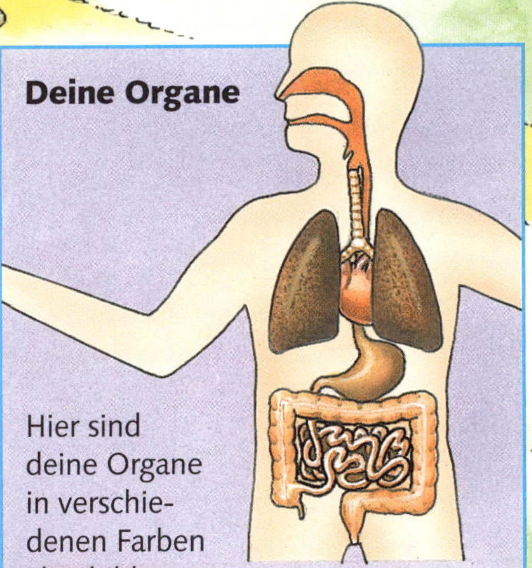

Hier sind deine Organe in verschiedenen Farben abgebildet, damit du sie gut erkennen kannst.

Die meisten Organe sind in Wirklichkeit braunrot, ähnlich wie Fleisch.

Essen

Dein Körper braucht Nahrung und Flüssigkeit, um richtig zu funktionieren.

Deine Zähne

Deine Zähne brauchst du, um das Essen so klein zu kauen, dass du es schlucken kannst. Deine Schneidezähne haben eine andere Form als die Backenzähne. Kannst du den Unterschied mit der Zunge fühlen?

Milchzähne

Deine ersten Zähne heißen Milchzähne, weil sie gewachsen sind, während du ein Baby warst. Jeder hat 20 Milchzähne.

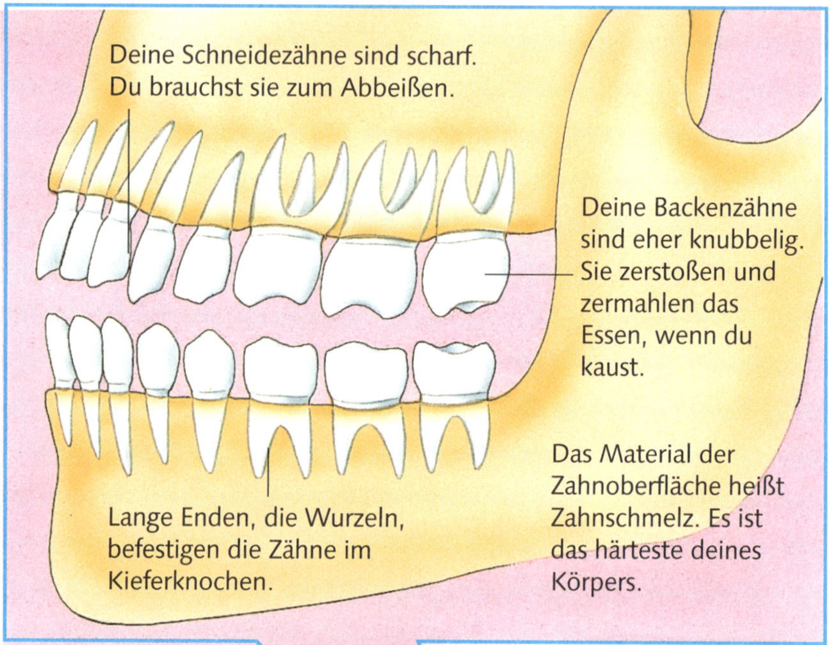

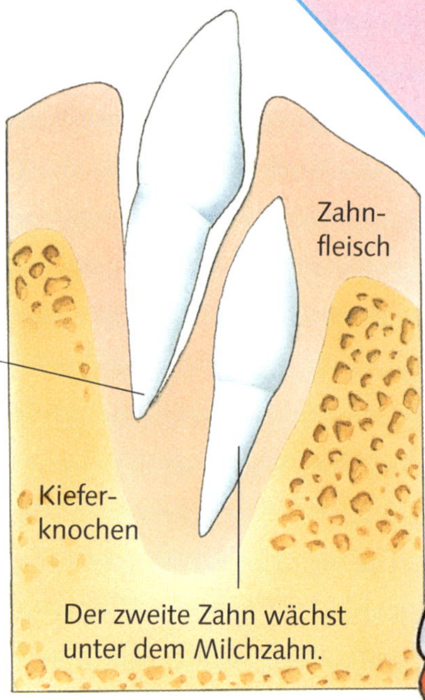

Von den zweiten Zähnen hat man normalerweise 32 Stück. Bei sorgfältiger Pflege halten diese Zähne ein Leben lang.

Essen

Jedes Nahrungsmittel hat seine Aufgabe im Körper. Du brauchst kleine Mengen von vielen verschiedenen Nahrungsmitteln, um gesund zu bleiben.

Kartoffeln, Reis, Nudeln, Brot und Süßes geben dir Energie.

Milch, Käse und Jogurt halten deine Knochen und Zähne stark.

Dinge wie Fleisch, Fisch und Eier sind wichtig fürs Wachstum und helfen, deinen Körper zu heilen.

Obst und Gemüse enthalten Vitamine. Man braucht sie, damit der Körper richtig funktioniert.

Zähneputzen

Gründliches Zähneputzen ist wichtig. Vor allem abends vor dem Zubettgehen.

Winzige Reste von Essen und Trinken kleben an deinen Zähnen, auch wenn du sie nicht fühlen kannst.

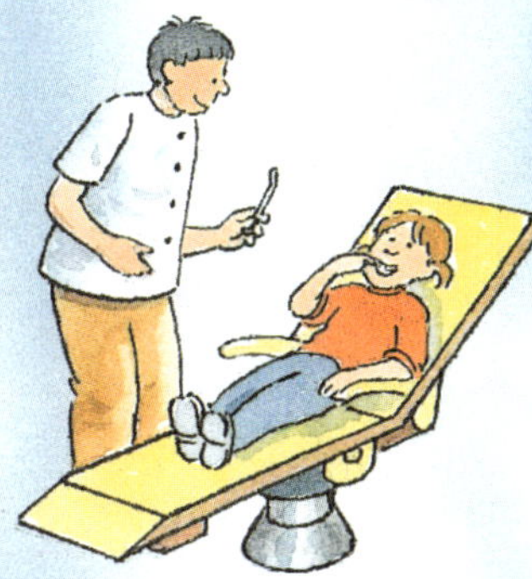

Wenn diese Reste an deinen Zähnen bleiben, entstehen Säuren. Diese chemischen Stoffe verursachen Löcher in deinen Zähnen.

Wo landet das Essen?

Bevor der Körper das Essen, das du zu dir nimmst, nutzen kann, muss es in mikroskopisch kleine Teile verwandelt werden. Sie müssen so klein sein, dass sie in dein Blut gelangen können. Das nennt man Verdauung.

Verdauung

Dein Essen wird auf dem Weg durch einen langen Schlauch verdaut, der sich von deinem Mund zu deinem Po schlängelt. Dieser Schlauch hat verschiedene Teile, die hier gezeigt sind.

Dreitagesreise

Eine Mahlzeit bleibt etwa vier Stunden lang in deinem Magen. Es dauert etwa drei Tage, bis sie durch den ganzen Verdauungstrakt gewandert ist.

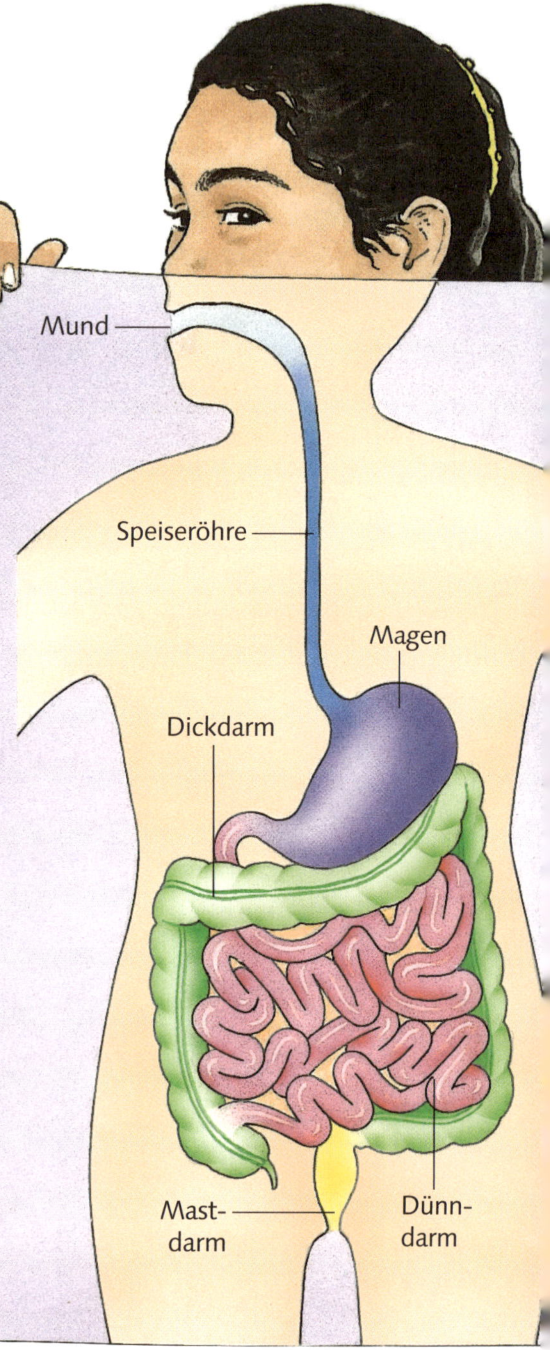

Die Verdauung beginnt bereits im Mund. Dein Speichel enthält einen Verdauungssaft, der das Essen aufspaltet.

Das Essen wandert deine Speiseröhre hinab in den Magen.

Dein Magen ist ein großer Beutel. Hier wird das Essen vermengt und mit Magensaft zu einer Art Brei vermischt.

Dein Dünndarm hat viele Windungen. Auseinander gezogen wäre er so lang wie ein Bus. Säfte erledigen hier die letzte Stufe der Verdauung.

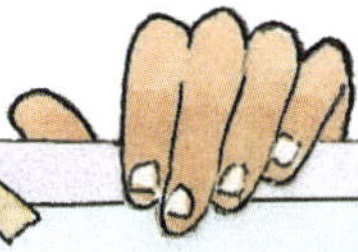

Die verdaute Nahrung sickert durch die dünnen Wände deines Dünndarms in dein Blut.

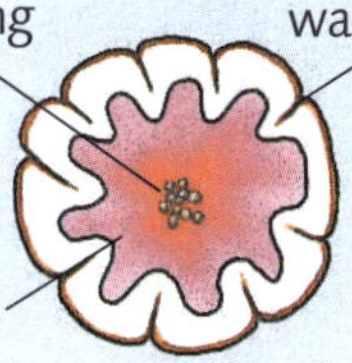

Mit deinem Blut wird die Nahrung im ganzen Körper verteilt.

Wasser aus Essen und Getränken gelangt durch die Wände deines Dickdarms ins Blut.

Manche Teile der Nahrung können nicht verdaut werden. Du schiebst sie durch deinen After hinaus, wenn du zur Toilette gehst.

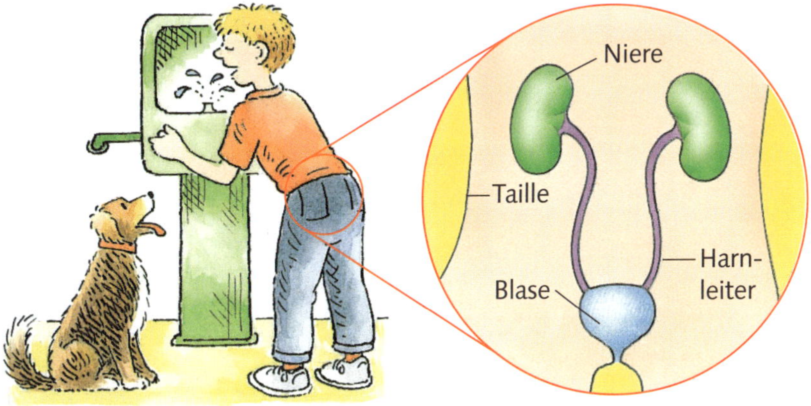

Wasser, das dein Körper nicht benötigt, wird in deinen Nieren zu Urin verwandelt. Die Nieren sitzen in deinem Rücken.

Der Urin wird in der Blase gesammelt. Du spürst, dass deine Blase voll ist, wenn du auf die Toilette musst.

Wie Essen wandert

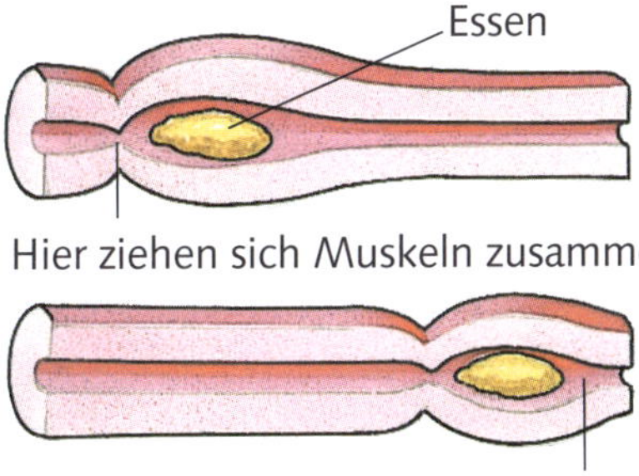

Das Essen rutscht nicht von selbst durch dich hindurch. Es wird von Darmmuskeln weitertransportiert.

Es rumort im Magen

Wenn es in deinem Magen rumort, hörst du Geräusche. Die entstehen, weil Luft und Nahrung weitergeschoben werden.

Warum atmest du?

Bevor dein Körper die Energie aus der Nahrung nutzen kann, muss diese Energie mit Sauerstoff vermischt werden. Sauerstoff ist ein Gas, das sich in der Luft befindet. Wenn du einatmest, nimmst du Sauerstoff auf.

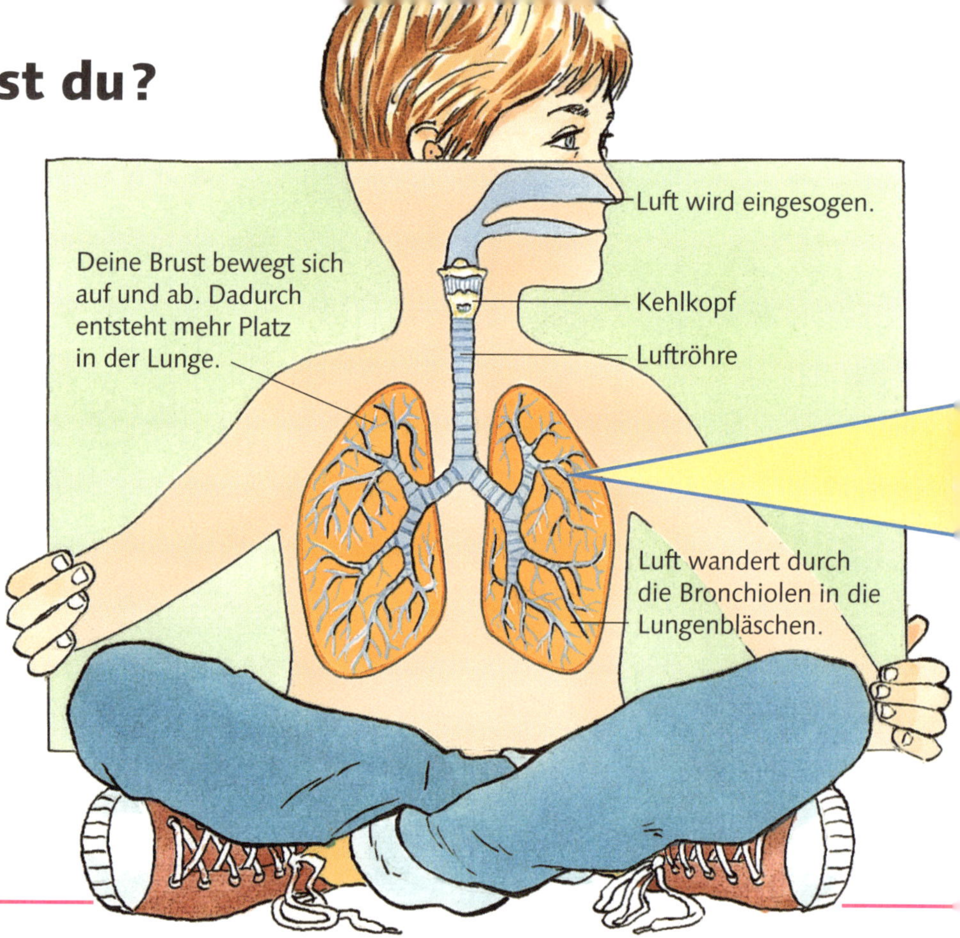

Atmen

Die Luft wird von dir durch Nase oder Mund in die Luftröhre und dann in die Lunge gesaugt.

Der Kehlkopf

Der Knubbel an deinem Hals ist der Kehlkopf. Er befindet sich oben an der Luftröhre.

Kannst du die Schwingungen dort fühlen, wenn du laut „hmm" sagst?

Wenn du ausatmest, fließt die Luft durch die Stimmritze an den dehnbaren Bändern deines Kehlkopfs vorbei. Wenn genug Luft kommt, schwingen die Bänder wie Gitarrensaiten. So entstehen Töne. Dein Mund formt sie dann zu Worten.

An den Enden der kleinen Bronchien befinden sich die Lungenbläschen. Sie füllen sich wie Ballons mit Luft.

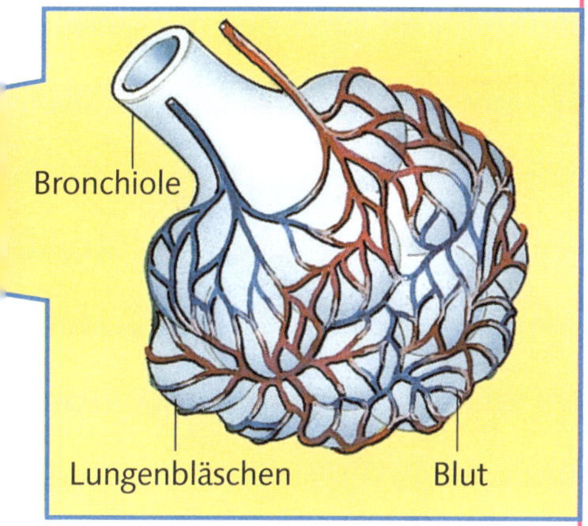

Dein Blut transportiert den Sauerstoff durch deinen Körper. Der Sauerstoff vermischt sich mit der verdauten Nahrung und verschafft dir so Energie.

Dabei entsteht das „Abfallgas" Kohlendioxid. Dein Blut transportiert es zu deiner Lunge zurück.

Wenn du ausatmest, wird die Luft aus deiner Lunge herausgepresst. Diese Luft enthält eine Menge Kohlendioxid.

Deine Brust bewegt sich so, dass weniger Platz in der Lunge bleibt.

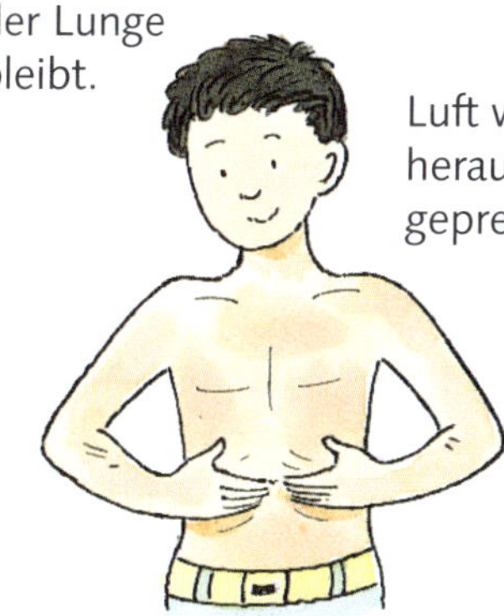

Luft wird herausgepresst.

Kannst du spüren, wie sich deine Brust hebt und senkt, wenn du atmest?

Schluckauf

Dieses Geräusch entsteht, wenn die Stimmritze durch deine Stimmbänder plötzlich geschlossen wird.

Unterhalb der Lunge gibt es einen großen Muskel, das Zwerchfell. Es bewegt sich auf und ab, wenn du atmest. Manchmal zieht es sich ungewollt zusammen – du hast einen Schluckauf.

Verschlucken

Deine Luftröhre liegt direkt neben der Speiseröhre.

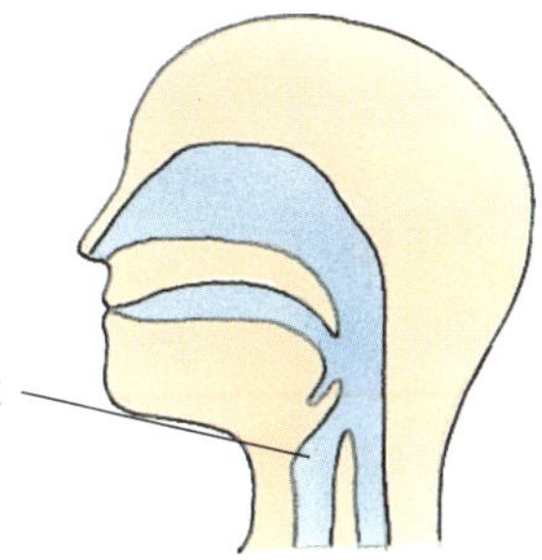

Wenn du dich beim Essen verschluckst, sagt man, es sei dir „in den falschen Hals geraten". Das stimmt auch. Es ist in deine Luftröhre anstatt in die Speiseröhre geraten.

Wofür braucht man Blut?

Die Hauptaufgabe des Blutes ist es, Nährstoffe und Sauerstoff zu allen Körperteilen zu transportieren. Es sammelt außerdem Abfallstoffe wie Kohlendioxid, um sie wieder aus dem Körper zu transportieren.

Wie Blut fließt

Dein Blut fließt ständig durch kleine Röhren im Körper, Blutgefäße oder Adern genannt. Es wird vom Herzen in Bewegung gehalten.

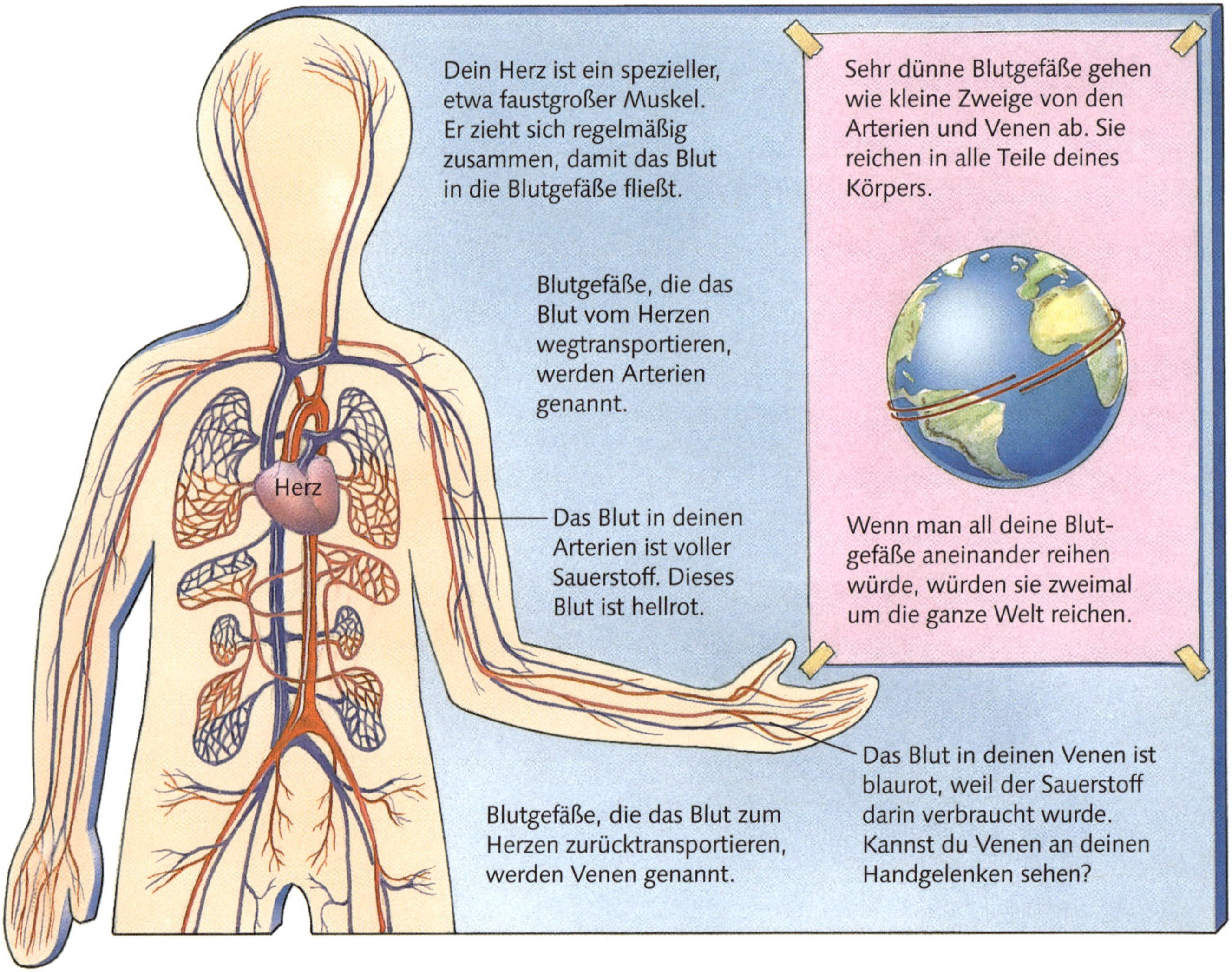

Dein Herz ist ein spezieller, etwa faustgroßer Muskel. Er zieht sich regelmäßig zusammen, damit das Blut in die Blutgefäße fließt.

Blutgefäße, die das Blut vom Herzen wegtransportieren, werden Arterien genannt.

Das Blut in deinen Arterien ist voller Sauerstoff. Dieses Blut ist hellrot.

Blutgefäße, die das Blut zum Herzen zurücktransportieren, werden Venen genannt.

Sehr dünne Blutgefäße gehen wie kleine Zweige von den Arterien und Venen ab. Sie reichen in alle Teile deines Körpers.

Wenn man all deine Blutgefäße aneinander reihen würde, würden sie zweimal um die ganze Welt reichen.

Das Blut in deinen Venen ist blaurot, weil der Sauerstoff darin verbraucht wurde. Kannst du Venen an deinen Handgelenken sehen?

Was ist Blut?

Wenn man einen Tropfen Blut im Mikroskop betrachtet, sieht man, dass viele kleine Teilchen darin herumschwimmen.

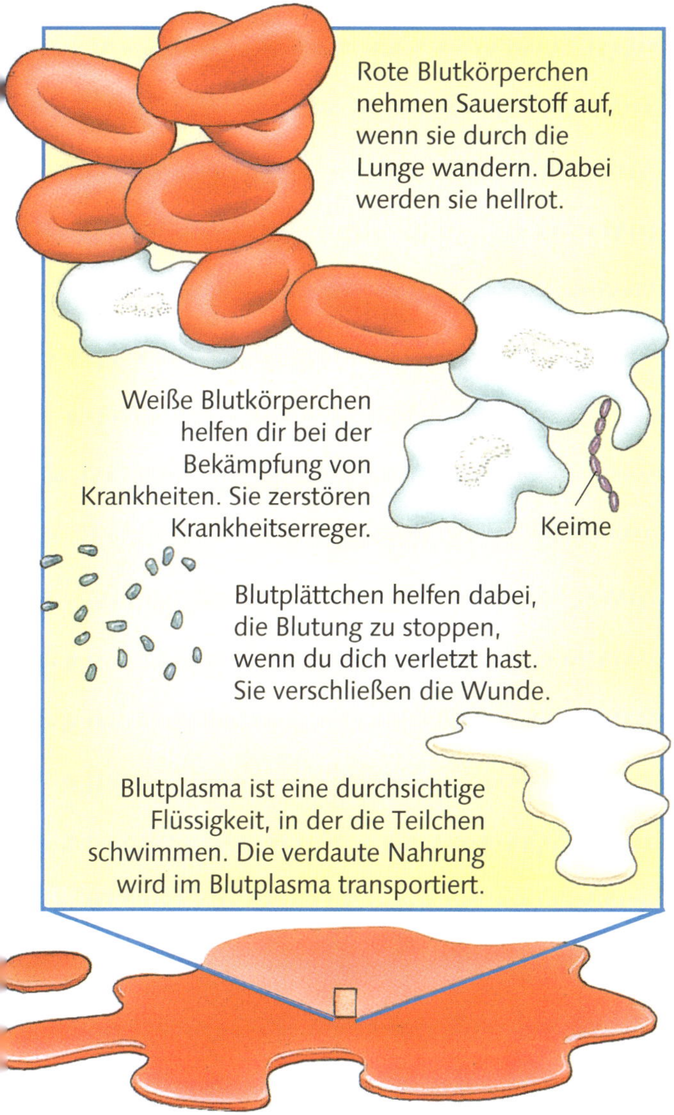

Herzschläge

Das Herz eines Erwachsenen schlägt etwa siebzigmal pro Minute, das eines Kindes achtzig- bis einhundertmal.

Du kannst dein Herz klopfen hören. Das Geräusch wird von den Herzklappen erzeugt. Sie sind sozusagen die Tore des Herzens. Sie werden jedes Mal zugeschlagen, wenn das Blut hindurchgeflossen ist.

Lebhafte Menschen

Sport macht dein Herz und deine Lungen stärker.

Wenn du dich viel bewegst, brauchst du mehr Nahrung und Sauerstoff. Darum schlägt dein Herz schneller und heftiger. Du atmest dann auch schneller und tiefer.

Deine Haut

Deine Haut ist wie eine Tasche, die deinen Körper zusammenhält. Aber sie hat noch andere Aufgaben. Sie ist ständig damit beschäftigt, dich vor der Außenwelt zu schützen.

Deine Haut ist nur ca. 2 mm dick. Dieses Bild zeigt sie viel dicker und größer, damit du alles erkennen kannst.

Rote Gesichter

Viel Blut in der Haut lässt dich rot aussehen.

Wenn dir heiß wird, weiten sich die Blutgefäße in deiner Haut. Das bedeutet, dass mehr Blut an der Oberfläche fließt und dich rot aussehen lässt. Die Luft kühlt dieses Blut ab und damit auch dich.

Gänsehaut

Wenn Pelztiere eine Gänsehaut bekommen, gelangt Luft zwischen die Haare und hilft ihnen so, sich warm zu halten.

Wenn dir kalt ist, bekommst du eine Gänsehaut. Dabei ziehen sich deine Haarmuskeln zusammen und lassen deine Haare aufrecht stehen.

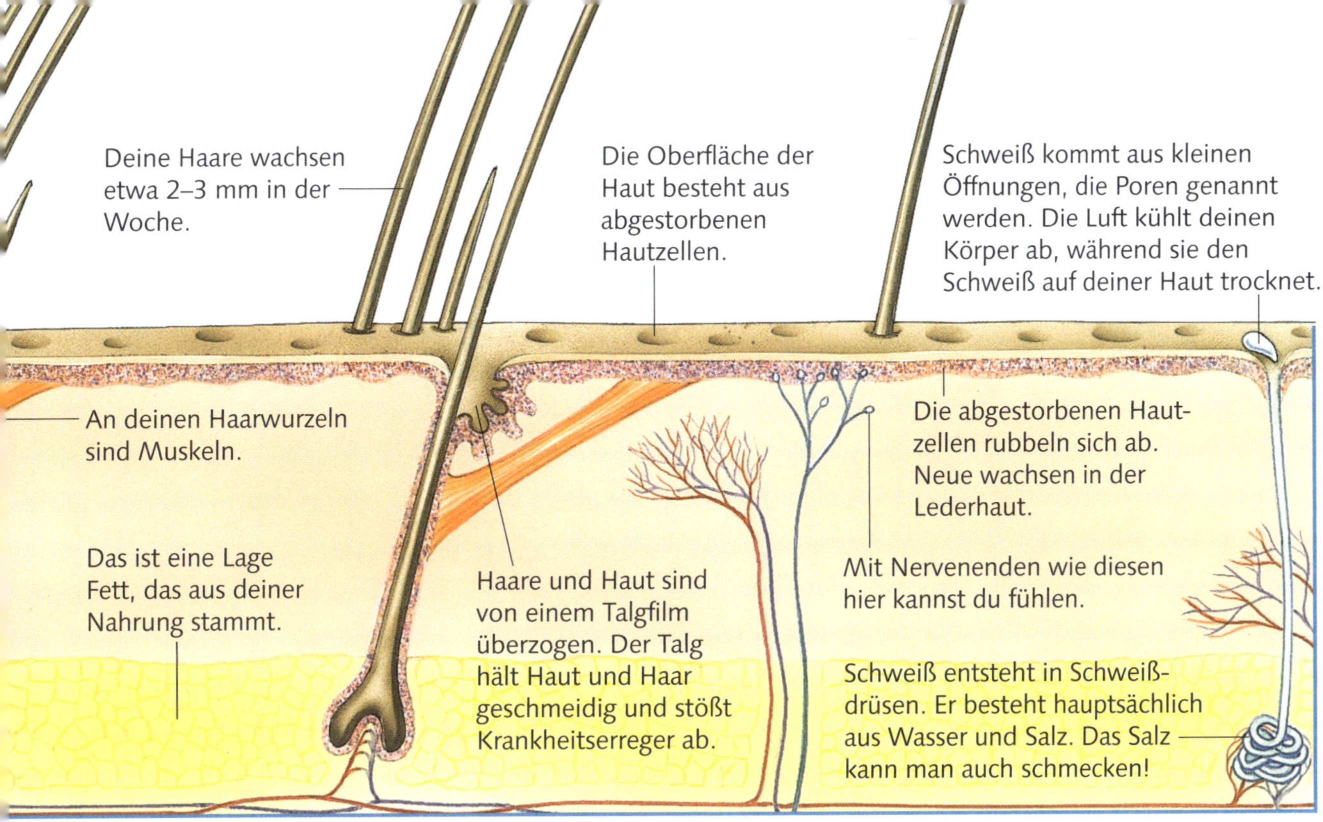

Fuß- und Fingernägel

Deine Nägel bestehen genau wie Tierkrallen aus verhornten Hautzellen.

Hell oder dunkel

Manche Leute haben dunklere Haut als andere. Sie haben mehr von einem Farbstoff namens Melanin in der Haut. Bei starker Sonneneinstrahlung entsteht mehr Melanin. Es schützt dich vor dem Sonnenlicht.

Nachrichten von außen

Es gibt fünf Möglichkeiten für dich, zu erfahren, was außerhalb von dir vor sich geht: sehen, hören, fühlen, spüren und riechen. Du benutzt deine Sinne.

So siehst du

In deinen Augen gibt es Nervenenden, die auf Licht reagieren. Von allem, was du siehst, wird Licht abgestrahlt.

Das Licht geht durch den schwarzen Punkt in der Mitte des Auges hindurch. Das ist ein Loch und heißt Pupille.

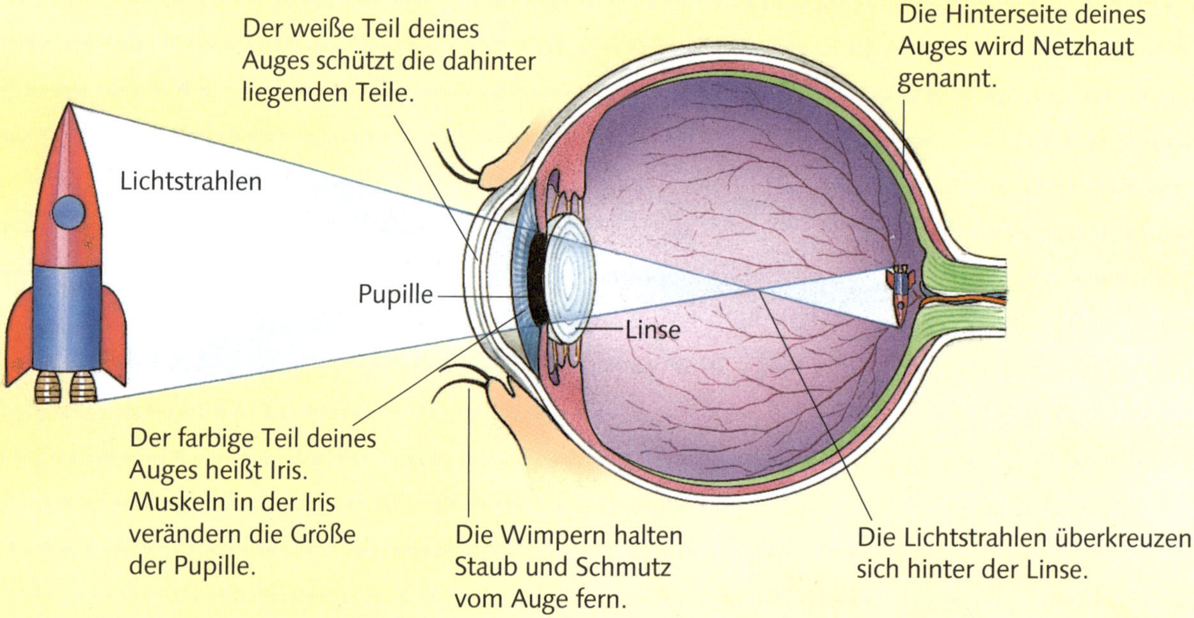

Hinter der Pupille ist eine durchsichtige Scheibe, die man Linse nennt. Sie bricht das Licht so, dass hinten auf deinem Auge ein auf dem Kopf stehendes Bild von dem, was du siehst, entsteht.

Die Nervenenden, die auf Licht reagieren, liegen hinten in deinem Auge. Sie schicken das Bild über einen Nerv an dein Gehirn. Dein Gehirn dreht das Bild dann wieder um.

Tränen

Tränen entstehen unter deinem Oberlid.

Man weiß nicht, warum Menschen weinen, wenn sie traurig sind.

Jedes Mal, wenn du blinzelst, waschen Tränen deine Augenoberfläche sauber. Tränen fließen durch die inneren Augenwinkel in die Nase ab.

Große oder kleine Pupillen

Du kannst beobachten, wie deine Pupillen die Größe verändern. Sieh sie dir erst an einem hellen und später an einem etwas dunkleren Ort an.

Wenn es dunkel ist, werden deine Pupillen größer, um so viel Licht wie möglich einzufangen. Wenn es hell ist, schrumpfen sie, um deine Augen zu schützen.

Brillen

Brillen sind Linsen. Sie helfen den Augenlinsen des Menschen, das Bild genau auf der Netzhaut entstehen zu lassen.

Schmecken

Deine Zunge hat kleine Knubbel, die man Geschmacksknospen nennt. Sie haben Nervenenden in sich, die verschiedene Geschmacksrichtungen erkennen können.

Kannst du die Geschmacksknospen erkennen, wenn du deine Zunge im Spiegel betrachtest?

Riechen

Nervenenden in deiner Nase berichten dir über Gerüche. Dein Geruchs- und dein Geschmackssinn arbeiten oft zusammen.

Wenn deine Nase verstopft ist, weil du eine Erkältung hast, kannst du auch nicht so gut schmecken.

Hören und fühlen

Dein Gehör

Geräusche erreichen die Nervenenden in den Ohren.

1. Dein Ohr gleicht einem großen Trichter. Es sammelt Geräusche.

2. Geräusche wandern durch eine Röhre (Gehörgang). Am Ende treffen sie auf ein dünnes Häutchen (Trommelfell). Die Geräusche bringen das Trommelfell zum Schwingen.

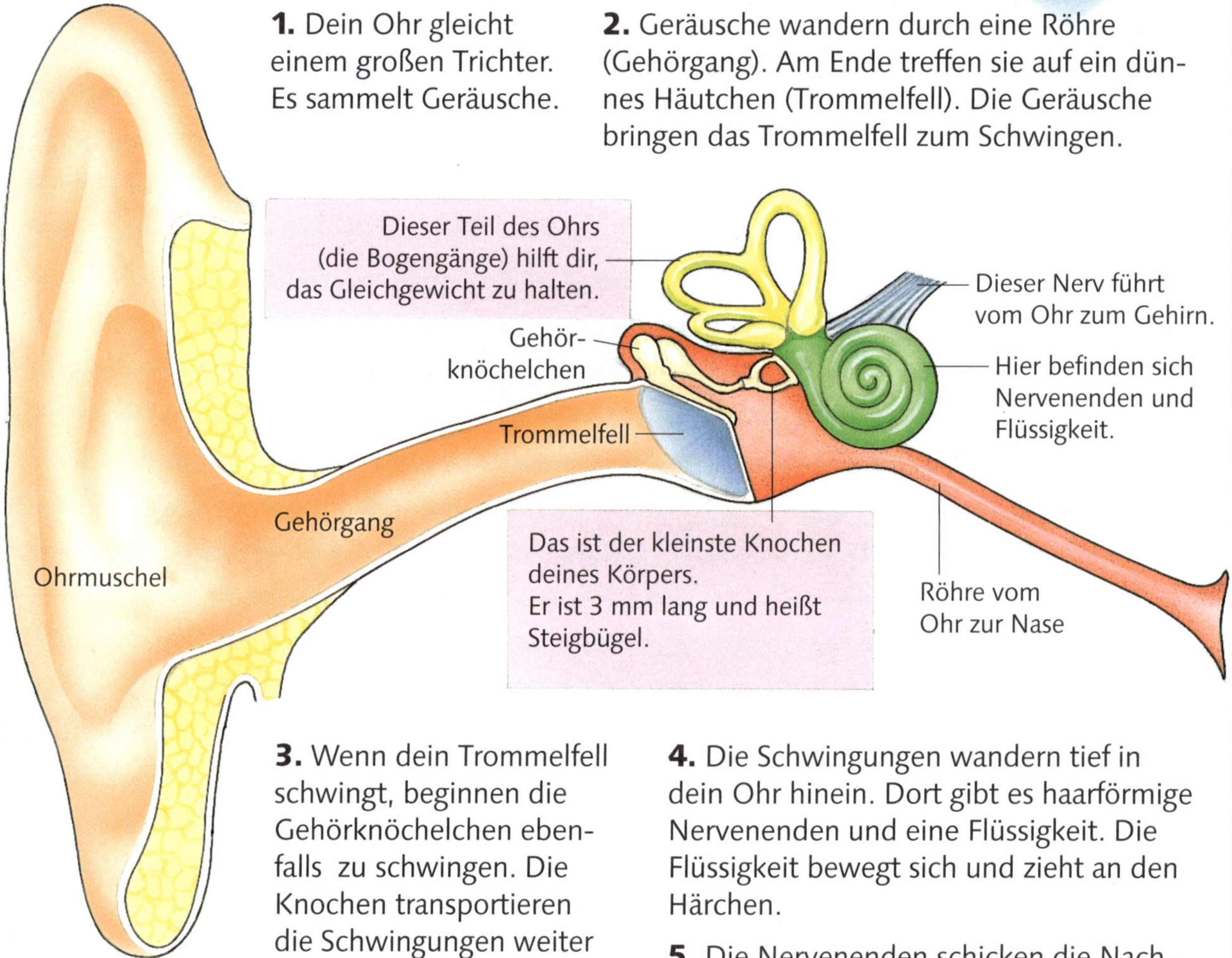

3. Wenn dein Trommelfell schwingt, beginnen die Gehörknöchelchen ebenfalls zu schwingen. Die Knochen transportieren die Schwingungen weiter in dein Ohr hinein.

4. Die Schwingungen wandern tief in dein Ohr hinein. Dort gibt es haarförmige Nervenenden und eine Flüssigkeit. Die Flüssigkeit bewegt sich und zieht an den Härchen.

5. Die Nervenenden schicken die Nachricht an das Gehirn weiter.

Gleichgewicht

Das Gleichgewichtsorgan in einem Ohr sagt deinem Gehirn, in welcher Position sich dein Kopf gerade befindet.

Wenn du weißt, wo sich dein Kopf befindet, kannst du deinen Körper danach ausrichten.

Zuckende Ohren

Viele Tiere können ihre Ohren bewegen, um Geräusche besser zu erkennen.

Normalerweise können Menschen ihre Ohren nicht bewegen. Vielleicht kannst du ein wenig mit ihnen wackeln, wenn du dir viel Mühe gibst.

Berühren und fühlen

Nervenenden in deiner Haut sagen deinem Gehirn, ob etwas heiß oder kalt, rau oder glatt, weich, hart oder schmerzhaft ist. An Fingern, Fußsohlen, Lippen und auf der Zunge hast du sehr viele Nervenenden.

Eine winzige Verletzung kann sehr wehtun, wenn sie sich an einer Stelle mit vielen Nervenenden befindet.

Schmerzen sind eigentlich sehr nützlich. Sie warnen dich vor Gefahren. Nervenenden, die Schmerzen melden, finden sich nicht nur in deiner Haut, sondern auch in deinem Körper. Sie melden sich, wenn du krank bist.

In deinem Kopf

Dein Gehirn kontrolliert deinen Körper und stellt sicher, dass alle Körperteile richtig zusammenarbeiten. Es sorgt dafür, dass alles, was mit dir geschieht, auch Sinn macht. Es lässt dich denken, lernen und fühlen.

Gehirn und Nerven

Dein Gehirn ist mit allen Teilen deines Körpers durch Nerven verbunden. Sie funktionieren etwa so wie Telefonkabel. Über sie wandern Nachrichten von und zu deinem Gehirn.

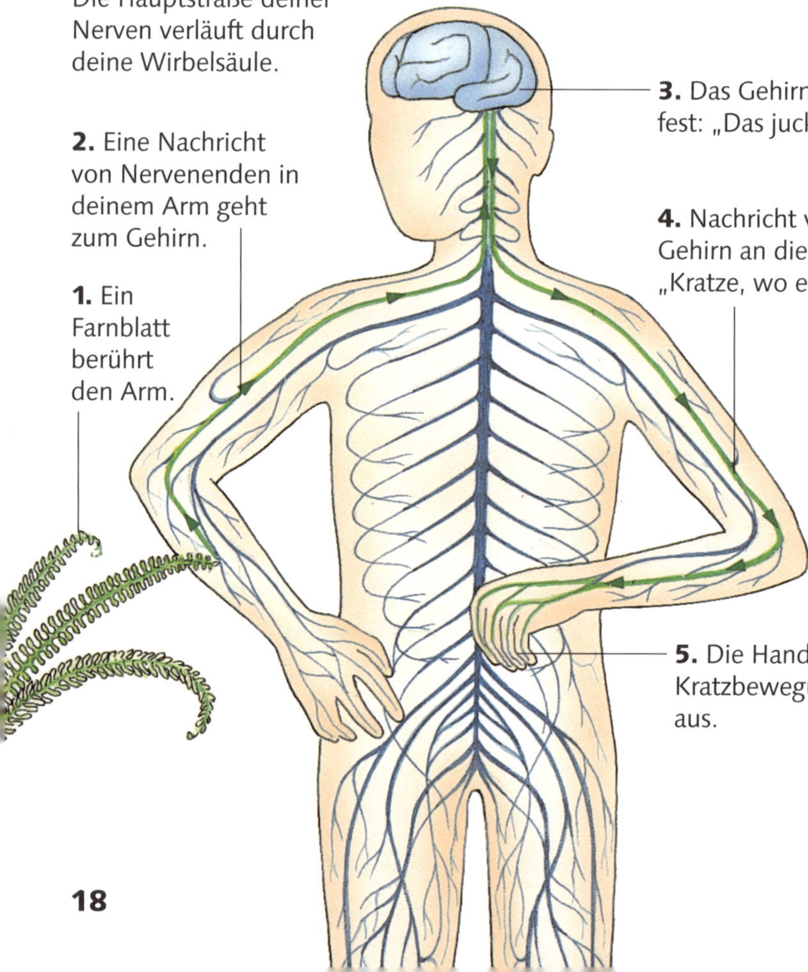

Strom im Körper

Die Nachrichten wandern als elektrische Signale durch deinen Körper. Sie werden Reize genannt.

Dein Musikantenknochen liegt ganz nah bei einem Nerv. Der stechende Schmerz, den du fühlst, wenn du mit ihm anstößt, ist ein Reiz.

Reize werden fast so schnell wie das Licht weitergeleitet. Normalerweise spürst du das nicht.

Lernen

Die Augen sehen Obst.

Dein Gehirn hilft dir beim Lernen. Es sortiert und sammelt alle Nachrichten, die es erhält. Neue Nachrichten verstehst du, wenn du dich an alte erinnerst.

Schlafen

Träume sind vielleicht eine Methode, mit dem zurechtzukommen, was du tagsüber erlebst.

Dein Gehirn arbeitet auch dann noch, wenn du schläfst. Es sorgt dafür, dass dein Herz klopft, dass du atmest und dass deine Nahrung verdaut wird.

Bereiche des Gehirns

Die verschiedenen Bereiche deines Gehirns verarbeiten unterschiedliche Meldungen. Es gibt einige Bereiche, über die man so gut wie nichts weiß. Sie haben vermutlich mit Denken, Erinnern und Entscheiden zu tun.

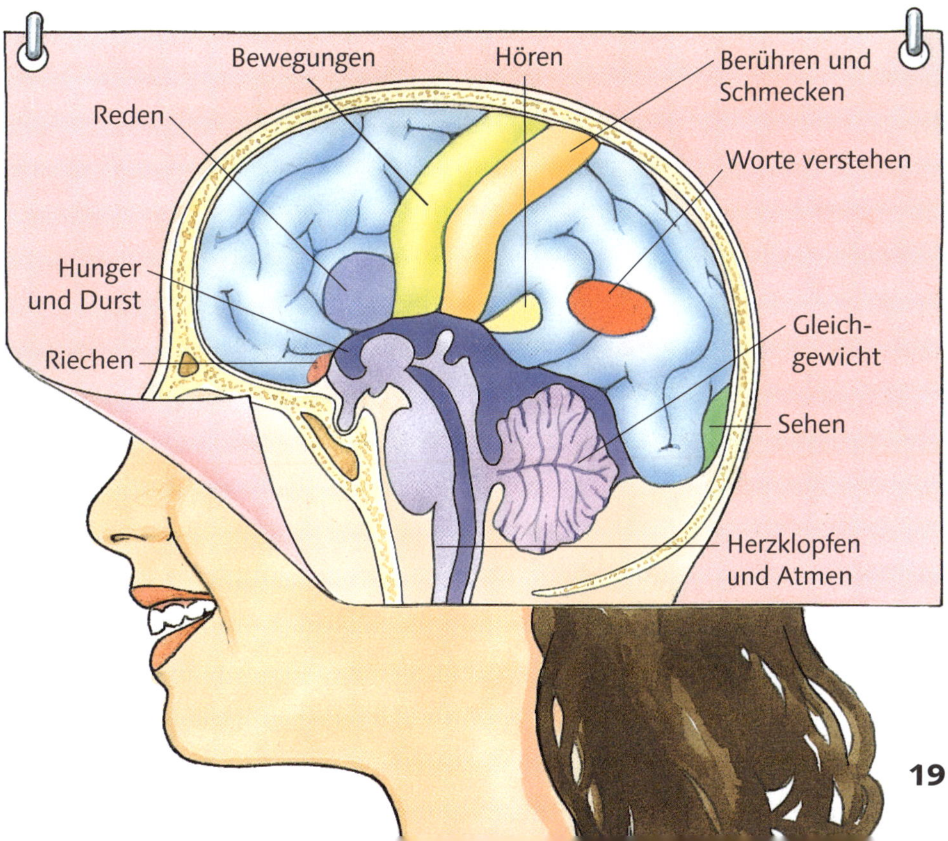

Wie bewegst du dich?

Damit du dich bewegen kannst, müssen Muskeln, Knochen, Gehirn und Nerven gut zusammenarbeiten.

Dein Skelett

Dein Skelett hat über 200 Knochen. Neben den Bewegungen sind sie dafür da, dass dein Körper seine Form behält und nicht in sich zusammensackt. Knochen schützen außerdem auch andere Körperteile.

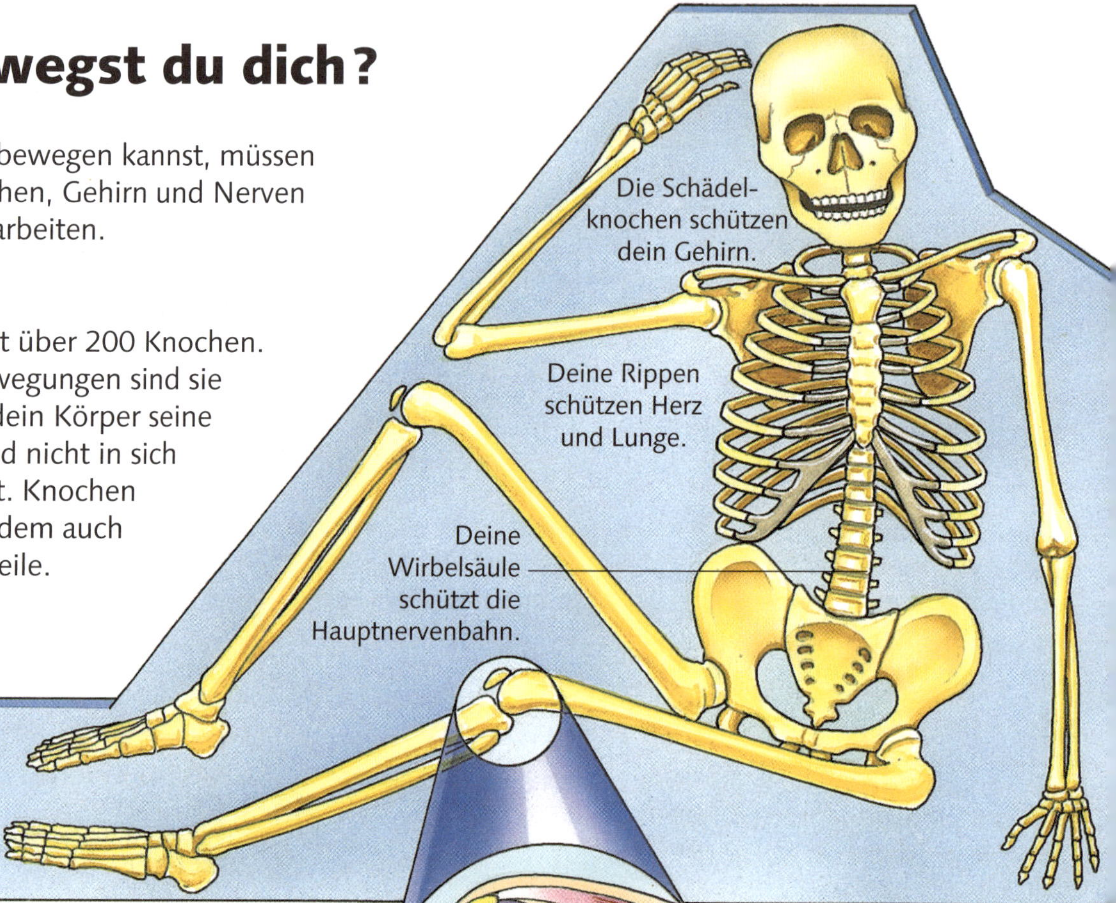

Gelenke

Die Teile, an denen Knochen aufeinander treffen, nennt man Gelenke. Gelenke ermöglichen es, dass Knochen beweglich sind. Stell dir einfach vor, du hättest kein Kniegelenk. Du müsstest dann mit ganz steifen Beinen gehen.

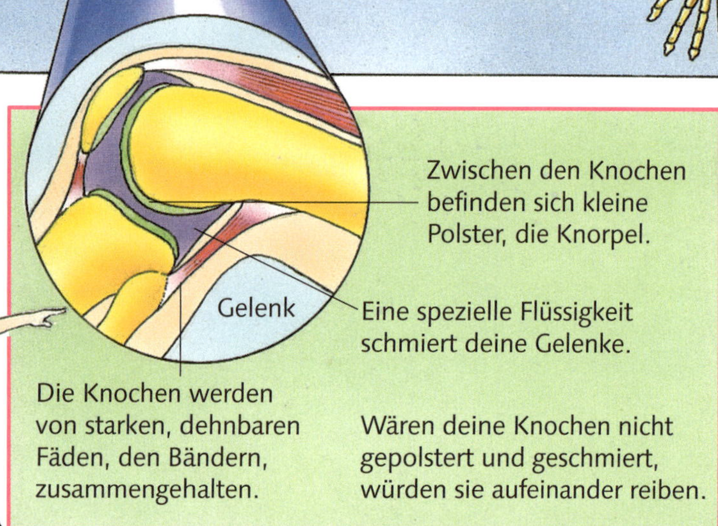

Muskeln

Überall an deinem Skelett befinden sich dehnbare Muskeln. Sie sind mit starken Verbindungen, den Sehnen, an den Knochen befestigt.

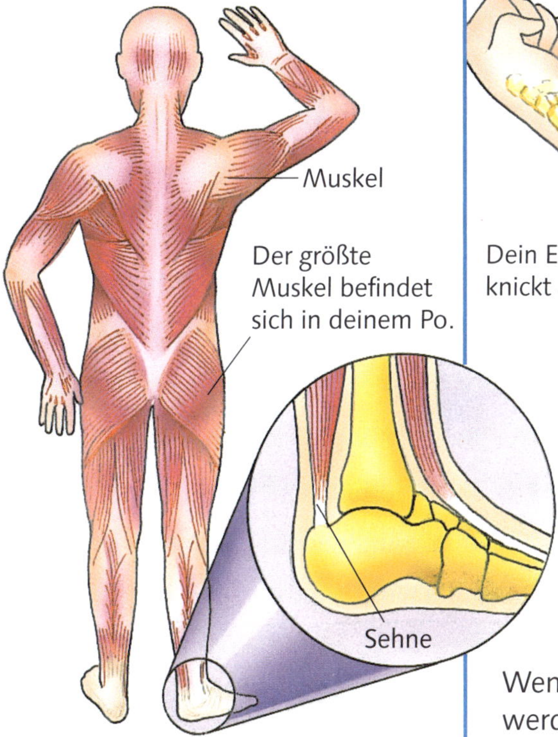

Die dickste Sehne ist in deiner Ferse. Sie sieht fast wie ein Knochen aus und fühlt sich auch so an. Aber man kann sie nach innen drücken.

Wie arbeiten Muskeln?

Muskeln besitzen Nervenenden. Wenn du dich bewegen möchtest, schickt dein Gehirn eine Nachricht an den Muskel. Sie sagt dem Muskel, dass er sich zusammenziehen soll. So zieht er an einem Knochen und bewegt ihn damit.

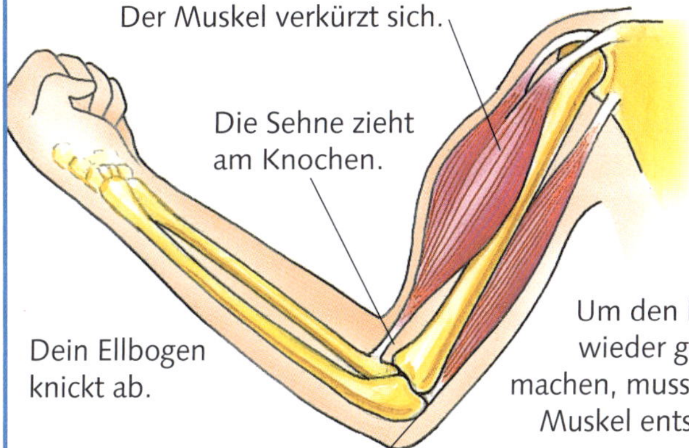

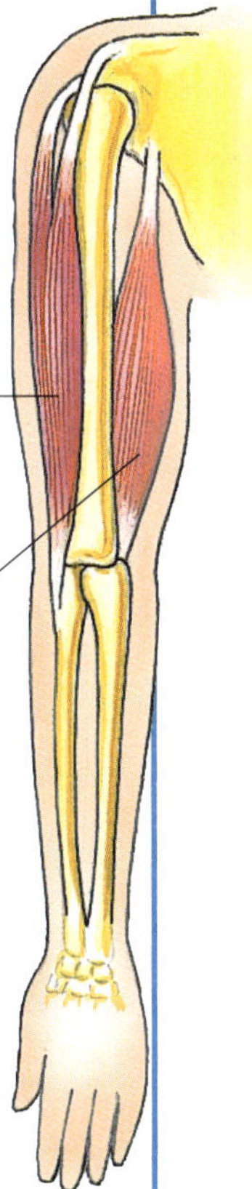

Die meisten Muskeln treten paarweise auf. Einer wird kürzer, während sein Partner entspannt bleibt.

Wenn Muskeln kürzer werden, werden sie auch dicker und härter. Manchmal kann man sehen und fühlen, wie sie hervortreten.

Woraus besteht dein Körper?

All deine Körperteile bestehen aus winzig kleinen, lebendigen Teilen, die man Zellen nennt. Die meisten sind so klein, dass man sie nur mit einem starken Mikroskop sehen kann. Du bestehst aus Millionen von Zellen.

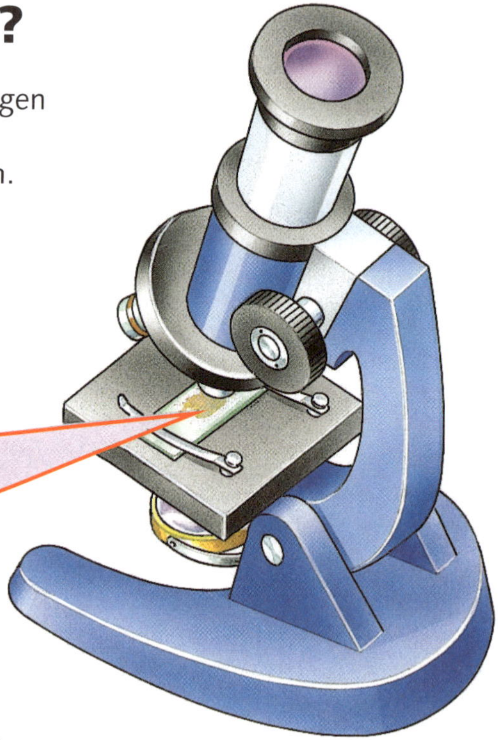

So sieht eine Gruppe Hautzellen unter einem Mikroskop aus.

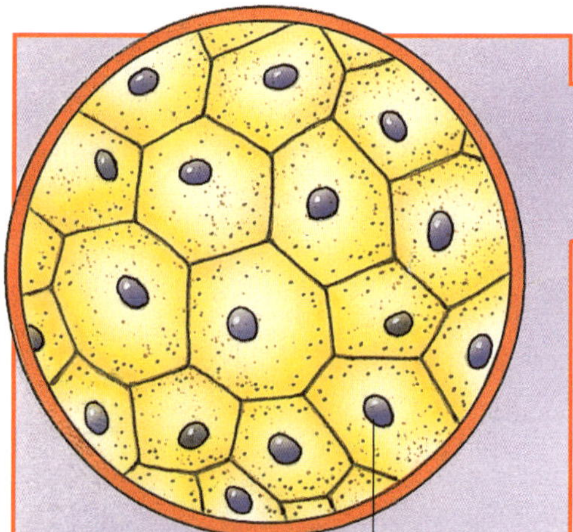

Dieser Teil, der Zellkern, bestimmt, wie die Zelle arbeitet.

Jede Zelle besteht zu ungefähr zwei Dritteln aus Wasser. Nährstoffe und Sauerstoff mischen sich in den Zellen, um dir Energie zu geben. Zellen haben, je nachdem, welche Aufgabe sie erfüllen, verschiedene Formen und Größen.

Chromosomen

Jeder Zellkern hat spezielle Fäden, die man Chromosomen nennt. Sie tragen die Botschaften, wie eine Zelle funktionieren, wachsen und leben soll. Chromosomen bestehen aus einem chemischen Stoff, der DNS heißt.

Hier ist ein Teil einer DNS abgebildet. Die Informationen für die Zelle sind kodiert.

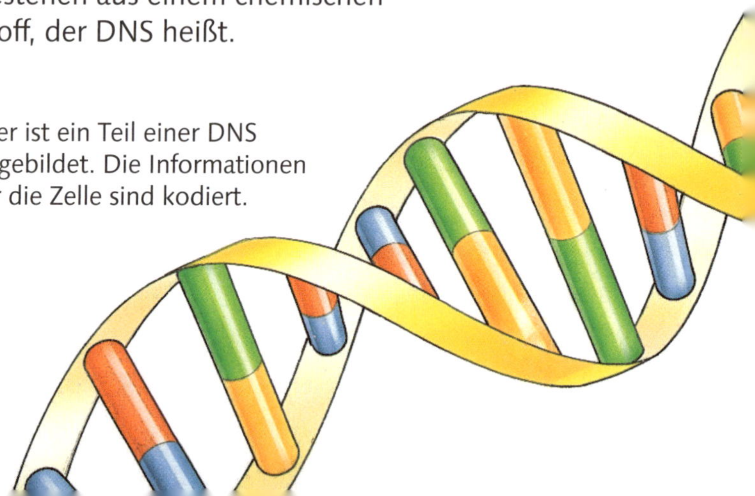

Warum muss man essen?

Kate Needham
Entwickelt von Linda Dark und Non Figg
Illustrationen von Annabel Spenceley und Kuo Kang Chen

Überarbeitet von Philippa Wingate
Dank an Katarina Dragoslavić
Berater: Dr. Frank Slattery und Valerie Micheau
Aus dem Englischen von Ellen Oberlies

Warum muss man essen?

Dein Körper ist wie eine Maschine, die ständig läuft. Selbst wenn du schläfst, schlägt dein Herz, atmet deine Lunge und dein Gehirn arbeitet.

Essen ist der Kraftstoff, der alles am Laufen hält. Ohne Nahrung würde deine „Körpermaschine" irgendwann stillstehen.

Ein Apfel gibt dir genug Energie, um sechs Minuten Rad zu fahren.

Menschen brauchen Essen wie ein Auto Benzin.

Ein Schokoriegel gibt dir genug Energie, um eine Stunde zu gehen.

Groß und stark werden

Manchmal sagen Leute, dass du essen musst, um groß und stark zu werden. Das stimmt, denn dein Körper besteht aus den wertvollen Stoffen aus deinem Essen.

Etwa bis zu deinem 18. Lebensjahr wächst du ständig ein bisschen.

Wenn du dich jeden Monat einmal misst, kannst du sehen, wie schnell du wächst.

Wenn du nichts gegessen hast, fühlst du dich schwach. Das kommt daher, dass dein Körper kaum noch Energie hat.

Kinder, die nicht genug zu essen bekommen, hören auf zu wachsen. Sie werden dünn und schwach und werden schneller krank.

Zu viel

Wenn du mehr isst, als dein Körper verbraucht, wird es als Fett eingelagert. Das macht dich schwer und langsam.

Manche wollen dick und schwer sein, also essen sie mit Absicht zu viel. Japanische Sumoringer müssen beispielsweise schwer sein.

So sehen Sumoringer aus.

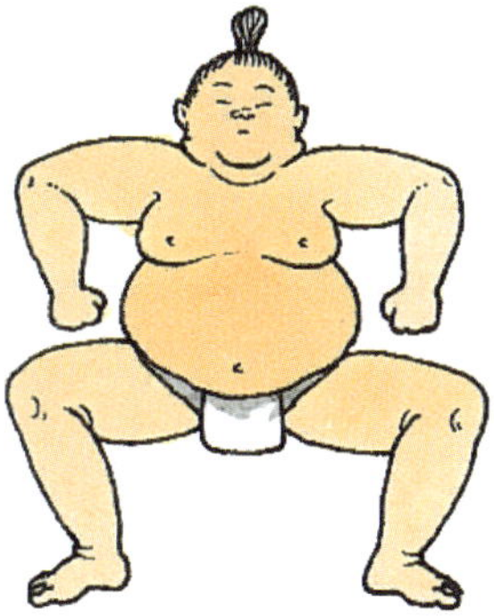

Auf dem Wege der Besserung

Nährstoffe im Essen helfen deinem Körper, sich selbst zu reparieren, wenn etwas nicht stimmt. Sie helfen dir auch, wieder gesund zu werden.

Wenn du dich geschnitten hast, hilft das Essen deinem Körper, schnell wieder zu heilen.

Wasser

Dein Körper besteht zu zwei Dritteln aus Wasser. Es lässt dein Blut fließen. Ohne Wasser würde dein Körper austrocknen und nicht mehr arbeiten.

Du kannst mehrere Wochen ohne Essen auskommen, aber nur wenige Tage ohne Wasser.

Schiffsbrüchige verdursten eher, als dass sie verhungern, weil sie das Meerwasser nicht trinken können.

Einen Ofen mit Brot zu beladen und es wieder herauszuholen ist eine Arbeit, die Durst macht.

Leute, die wie ein Bäcker in der Hitze arbeiten, müssen mehr trinken, weil sie durchs Schwitzen viel Flüssigkeit verlieren.

Woraus besteht unser Essen?

All dein Essen besteht aus vielen verschiedenen Dingen, die Nährstoffe genannt werden. Das sind die wertvollen Stoffe, die deinen Körper funktionieren lassen. Proteine, Fette und Kohlenhydrate sind Nährstoffe. Jeder hat eine bestimmte Aufgabe im Körper.

Proteine (Eiweiß)

Proteine sind wie Ziegelsteine. Dein Körper nutzt sie fürs Wachstum und zur Reparatur. Verschiedene Proteine helfen beim Aufbau jedes Körperteils.

Kohlenhydrate

Kohlenhydrate geben dir Energie. Du brauchst Energie, um etwas tun zu können. Laufen zum Beispiel oder reden oder denken oder dieses Buch lesen.

Süßigkeiten geben dir schnell viel Energie, aber sie hält nicht lange vor. Energie aus Nudeln, Getreideflocken oder Brot ist besser, weil sie länger anhält.

Brot, Getreideflocken und Nudeln enthalten viel Kohlenhydrate.

Kletterer haben oft einen Schokoriegel dabei, damit sie im Notfall schnell zusätzliche Energie zu sich nehmen können.

Sportliche Leute brauchen sehr viel Kohlenhydrate.

Fette

Fett gibt dir auch Energie, doch bis der Körper es benötigt, wird es als Schicht um deinen Körper gelagert. Es verhält sich wie eine Extraschicht Kleidung, die dich warm hält und schützt.

Fettlager in deinem Po lassen dich wie auf einem Kissen sitzen.

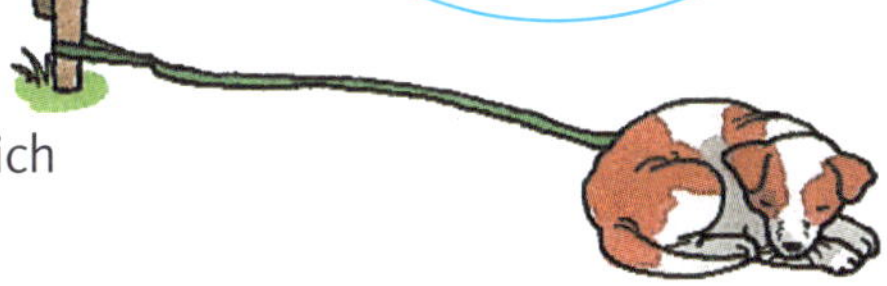

Butter, Margarine und Öl bestehen fast nur aus Fetten.

Was ist sonst noch im Essen?

Dein Essen enthält außerdem winzige Mengen an Nährstoffen, die man Vitamine und Mineralstoffe nennt. Auch sie sind wichtig!

Wofür sind Vitamine?

Vitamine sind kleine Arbeiter, die den anderen Nährstoffen bei der Arbeit helfen. Es gibt etwa 20 verschiedene Vitamine. Die meisten sind nach den Buchstaben des Alphabets benannt.
Die Tabelle rechts zeigt einige Vitamine, ihre Aufgaben und worin sie enthalten sind.

A	B	C	D
Vitamin A hilft dir, im Dunkeln zu sehen.	Es gibt viele verschiedene Arten von B-Vitaminen mit unterschiedlichen Aufgaben.	Vitamin C hält gesund und hilft dem Körper, sich selbst zu heilen.	Vitamin D macht deine Knochen und Zähne stark.
			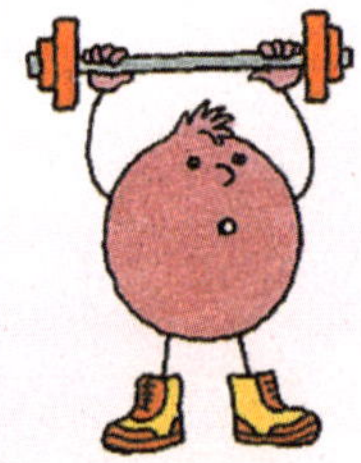
Es ist in Eigelb, Leber, Vollmilch und Karotten enthalten.	Getreideflocken, Nüsse, Milchprodukte und Fleisch enthalten B-Vitamine.	Es ist in frischem Obst und Gemüse enthalten.	Du bekommst es aus Eiern, Fisch und Butter.

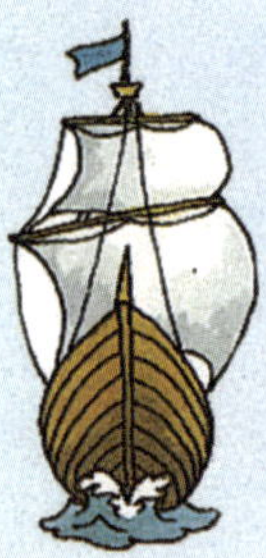

Früher bekamen Seeleute oft Skorbut, eine Krankheit, bei der Wunden nicht mehr heilen. Das liegt daran, dass sie bei monatelangen Seefahrten ohne Obst und Gemüse kein Vitamin C bekamen.

Dein Körper kann mit Hilfe von Sonnenlicht selbst Vitamin D bilden. Menschen, die in Ländern mit wenig Sonne leben, brauchen zusätzliches Vitamin D durch ihre Nahrung.

Was sind Mineralstoffe?

Mineralstoffe sind Nährstoffe, die Pflanzen aus der Erde erhalten und an dich weitergeben. Du brauchst etwa 15 verschiedene Mineralien, zum Beispiel Salz, Kalzium und Eisen.

Wasser enthält viele Mineralstoffe.

Leber, Fleisch und Vollkornbrot enthalten winzige Mengen Eisen, die für dein Blut gebraucht werden.

Milch, Käse und Jogurt enthalten Kalzium, das deine Knochen und Zähne stark macht.

Was sind Ballaststoffe?

Ballaststoffe sind widerstandsfähige Teile der Nahrung, die du nicht verdauen kannst. Sie helfen dabei, das Essen durch den Körper zu transportieren, und schaffen Abfallstoffe am anderen Ende hinaus.

Vollkornbrot, Getreideflocken und Gemüse haben viele Ballaststoffe.

Wenn du nicht genügend Ballaststoffe zu dir nimmst, bekommst du Verstopfung.

Was isst du?

Notiere dir alles, was du beim letzten Essen gegessen und getrunken hast. Versuche herauszufinden, welche Nährstoffe in jedem einzelnen Nahrungsmittel sind. Diese beiden Seiten helfen dir dabei.

gebratenes Huhn – Proteine
Kartoffeln – Kohlenhydrate, Vitamin C
Erbsen und Karotten – Vitamin A, Vitamin C, Ballaststoffe
Erdbeeren – Vitamin C
Eiscreme – Kalzium, Fett, Zucker

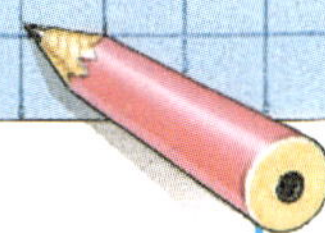

Wie viele wertvolle Nahrungsmittel hast du gegessen? Gibt es etwas, das gar nicht enthalten war? Manches, was du isst, Eiscreme zum Beispiel, hat nicht viel Wertvolles in sich.

Wohin geht die Nahrung?

Wenn du isst, begibt sich dein Essen auf eine etwa drei Tage lange Reise durch deinen Körper. Es wandert durch den Verdauungskanal, der mit deinem Mund beginnt und an deinem Po endet.

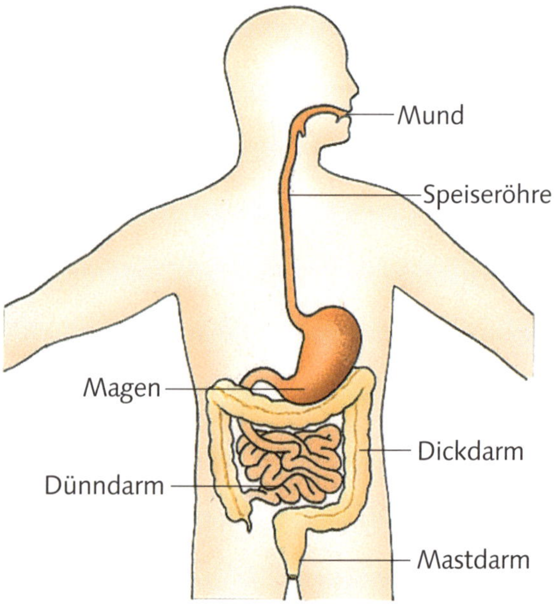

Auf dieser Reise verarbeiten verschiedene Organe dein Essen und fügen ihm Flüssigkeiten mit Chemikalien zu. Diese zerlegen die Nahrung in mikroskopisch kleine Teilchen, die in dein Blut gelangen. Diese Reise nennt man Verdauung.

Die Reise der Nahrung

Diese Straße stellt deinen Verdauungskanal dar und die Arbeiter zeigen, was mit deinem Essen passiert.

Wie lange kaust du?

Je mehr das Essen in deinem Mund zerkaut wird, desto einfacher hat es dein Magen damit. Zähes Fleisch oder Essen mit vielen Ballaststoffen muss länger gekaut werden.

Nimm einen Mund voll Apfel. Iss dann einen Mund voll Käse.

Zähle, wie oft du jeweils kaust, bis du schluckst.

Warum musst du würgen?

Deine Speiseröhre ist direkt neben der Luftröhre (die Röhre, durch die du atmest). Wenn du schluckst, verschließt sich die Luftröhre, damit kein Essen hineingelangt.

Wenn sie sich nicht rechtzeitig verschließt, kann dein Essen in die falsche Röhre gelangen. Davon musst du würgen und das Essen kommt wieder heraus.

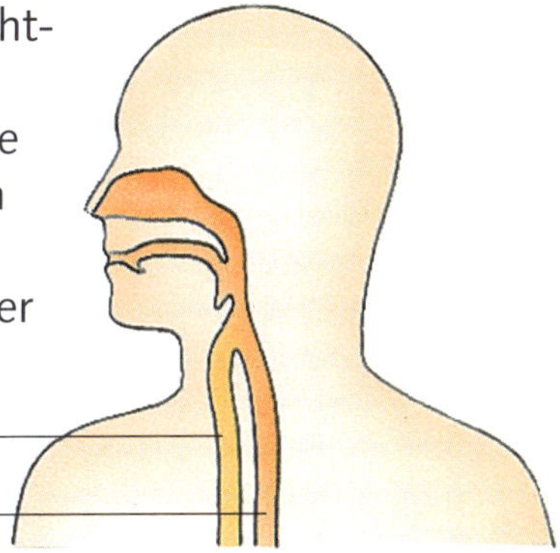

In deinem Körper gibt es eine Röhre, die Speiseröhre heißt. Sie befördert das Essen in den Magen, indem sie es nach unten quetscht.

Dein Magen ist wie ein großer Zementmischer. Er wälzt dein Essen herum und gibt Säure dazu, bis es wie Brei geworden ist.

Dein Magen kann sich ausdehnen und Nahrung für mehrere Stunden aufnehmen. Wenn du umblätterst, kannst du sehen, wo das Essen als Nächstes hingelangt.

Gutes und Schlechtes

Wenn die Mixtur etwa drei Stunden in deinem Magen war, wandert sie in deinen Darm weiter. Von dort werden alle wertvollen Bestandteile ins Blut transportiert. Diesen Vorgang nennt man Absorption. Abfälle wandern weiter und verlassen deinen Körper wieder. Das ist der längste Teil der Reise durch deinen Körper.

Wie Gutes absorbiert wird

Die Wände deines Dünndarms sind so dünn, dass die Nährstoffe aus deinem Essen hindurchwandern können.

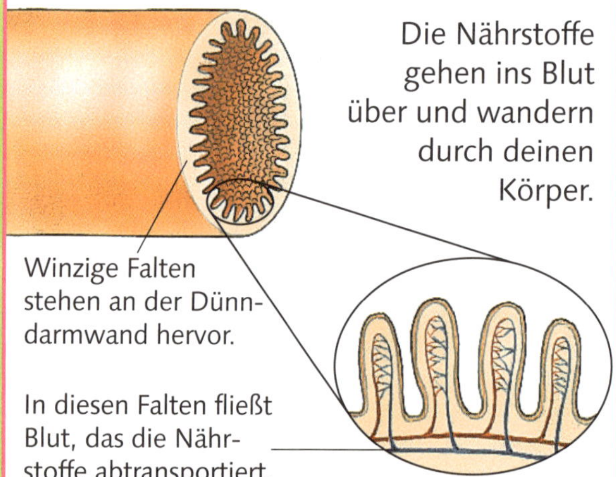

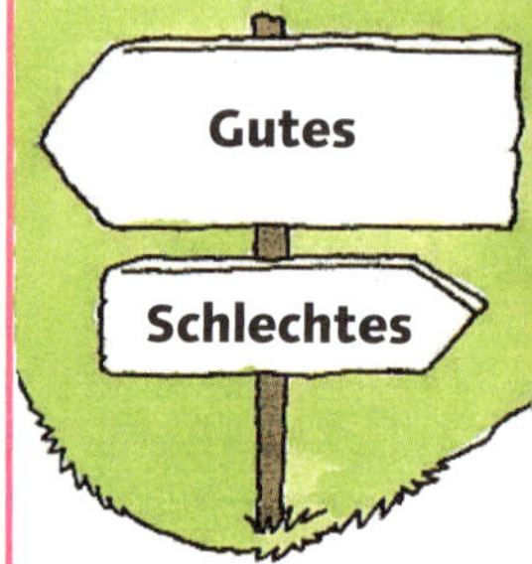

Zuerst landet das Essen in deinem Dünndarm. Der ist sehr schmal, aber unglaublich lang und in Schleifen gelegt.

Während die dünne Mixtur durch ihn hindurchwandert, kommt noch mehr Flüssigkeit hinzu. Dann werden die Nährstoffe vom Blut aufgenommen. (Der Mann mit dem Schild sagt ihnen, dass sie anhalten sollen.) Der Rest wandert in deinen Dickdarm. (Dieses Schild schickt sie weiter.)

Dein Dickdarm

Dein Dickdarm ist dicker als der Dünndarm und etwa halb so lang.

Etwas Wasser und Salze wandern von hier in dein Blut, so wie dieses Wasser in den Gully läuft. Der Rest ist Abfall.

Den Abfall loswerden

Der Abfall aus deinem Dickdarm ist recht fest. Er wandert in deinen Mastdarm und wird durch deinen After rausgedrückt.

Überschüssiges Wasser wird in den Nieren zu Urin. Es bleibt in deiner Blase, bis du auf die Toilette gehst.

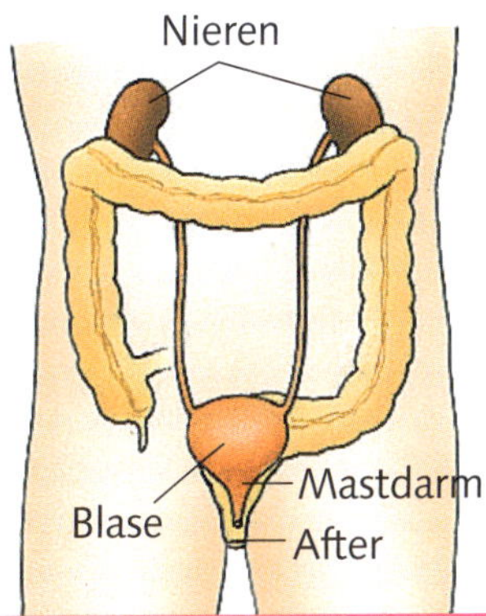

Warum musst du rülpsen?

Beim Essen schluckst du oft Luft. Manchmal schickt dein Körper diese Luft durch den Mund wieder nach oben. Das nennt man einen Rülpser.

Wenn du zu schnell isst, schluckst du viel Luft und musst rülpsen.

Lebensmittelvergiftung

Wenn du etwas Falsches gegessen hast, versucht dein Körper, es möglichst schnell wieder loszuwerden.

Die Muskeln im Magen befördern es durch die Speiseröhre nach oben. Dann musst du dich übergeben.

Oder es geht schnell durch dich hindurch und du bekommst Durchfall.

Wie man Nahrungsmittel aufbewahrt

Dein Essen ist auch für winzig kleine Lebewesen, Mikroben, als Nahrung geeignet. Durch sie werden frische Nahrungsmittel in wenigen Tagen schlecht. Wenn du das nicht möchtest, musst du verhindern, dass sich die Mikroben vermehren können. Sie mögen es feucht, warm und luftig. Deshalb hält Essen, das kalt, trocken und luftdicht aufbewahrt wird, länger.

Nahrungsmittel kühlen

Wenn man Essen kühlt, verlangsamt dies das Mikrobenwachstum. Einfrieren bremst es völlig. Heute kann man Essen im Kühlschrank oder in der Gefriertruhe aufbewahren, bis es gebraucht wird.

Kühle Kellerräume wurden jahrhundertelang als Aufbewahrungsort für Essen genutzt.

Die Kälte tötet die Mikroben nicht ab. Wenn du das Essen auftaust, muss es trotzdem schnell verbraucht werden.

Keine Luft

Heute werden viele Lebensmittel vakuumverpackt. Dabei wird alle Luft aus der Packung gesaugt. Flaschen und Dosen haben keine Luft in sich. Hörst du, wie die Luft wieder hineinrauscht, wenn du sie öffnest?

Getrocknete Nahrungsmittel

Das Trocknen zieht alle Flüssigkeit aus Nahrungsmitteln und die Mikroben können sich nicht mehr vermehren.

Aus Weintrauben kann man Rosinen, Sultaninen oder Korinthen machen.

Heute kann man Lebensmittel gefriertrocknen. Dabei werden sie gleichzeitig gefroren und getrocknet. Wenn man sie essen möchte, fügt man Wasser hinzu.

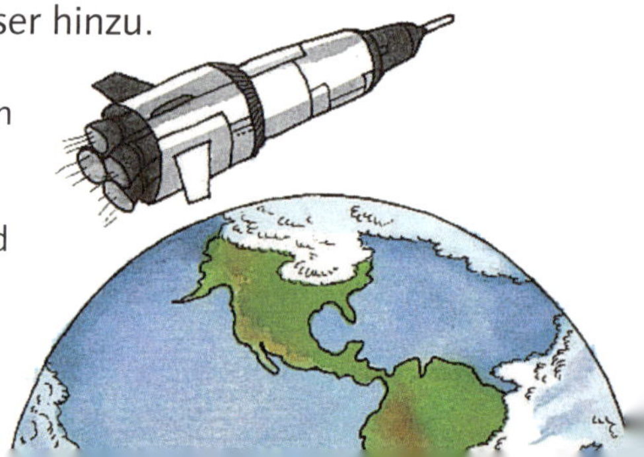

Astronauten nehmen gefriergetrocknete Nahrung mit ins All, weil sie leicht ist und wenig Platz braucht.

Nahrungsmittel erhitzen

Kochen, Sterilisieren und Pasteurisieren zerstört die Mikroben durch Hitze.

Beim Sterilisieren wird das Essen sehr hoch erhitzt, um alle Mikroben zu töten. Es ist sehr lange haltbar.

Konservierungsmittel

Konservierungsmittel sind Stoffe, die Nahrungsmittel haltbar machen. Es gibt natürliche wie Zucker, Essig oder Salz, die schon seit Jahrhunderten benutzt werden.

Schau dir Etiketten auf Dosen an, um herauszufinden, welche Konservierungsmittel heute benutzt werden.

Pasteurisierte Milch wird so weit erhitzt, dass gefährliche Mikroben absterben. Sie hält einige Tage.

Bevor man Milch pasteurisierte, wurden Kühe durch die Stadt geführt und vor der Haustür gemolken.

Wenn man Nahrungsmittel aufbewahrt, verlieren sie einige Nährstoffe, vor allem Vitamine. Deshalb isst man am besten alles ganz frisch.

Essen aus fernen Ländern

Heute können Nahrungsmittel so lange frisch gehalten werden, dass Geschäfte exotische Früchte aus der ganzen Welt anbieten. Sie werden in speziellen Kühlschiffen transportiert.

Schau nächstes Mal im Supermarkt nach, woher die angebotenen Früchte kommen.

Warum bekommt man Hunger?

Wenn dein Körper Nahrung braucht, schickt er eine Botschaft ans Gehirn. Dann machst du dich auf die Suche nach etwas zu essen.

Manchmal, wenn du Essen siehst oder riechst, das du magst, kannst du sogar Hunger bekommen, wenn dein Körper gar nichts braucht.

Der Geruch sagt dir, ob etwas gut oder schlecht ist und ob es dir schmeckt.

Was lässt dir das Wasser im Mund zusammenlaufen?

Wenn du etwas siehst oder riechst, das dir schmeckt, reagiert dein Körper darauf. Du spürst dann das Wasser in deinem Mund, den Speichel. Er hilft dir, dein Essen durchzumischen.

Wenn einem Hund Speichel aus dem Mund tropft, möchte er gerne fressen.

Magenknurren

Manchmal, wenn dein Magen gerne wieder Nahrung hätte, gibt er Knurrgeräusche von sich. Das Geräusch entsteht, wenn Luft und Verdauungssäfte hin und her bewegt werden.

Geschmack

Am Geschmack erkennst du, ob du bestimmte Nahrungsmittel magst oder nicht. Geschmack kannst du vor allem mit deiner Zunge bestimmen. Sie hat eine Menge kleiner Hubbel, die man Geschmacksknospen nennt.

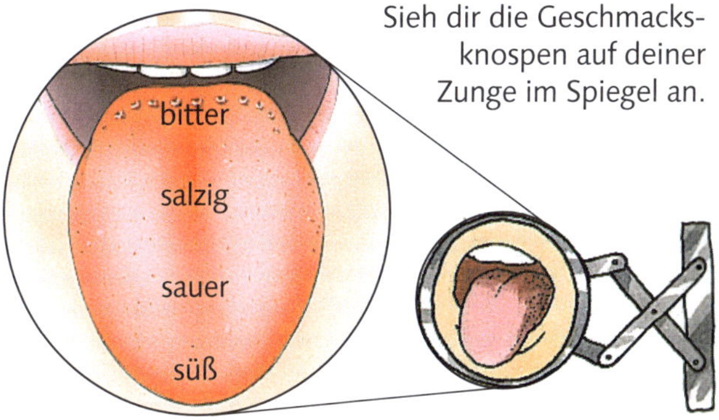

Sieh dir die Geschmacksknospen auf deiner Zunge im Spiegel an.

Es gibt vier verschiedene Geschmacksknospen. Jede ist für eine andere Geschmacksrichtung zuständig: salzig, süß, sauer und bitter. Sie befinden sich an verschiedenen Stellen.

Der Geruch von etwas hilft dir ebenfalls, es zu schmecken. Halte dir die Nase zu, während du etwas isst. Schmeckst du dein Essen noch?

Ein Versuch

Tauche deinen Finger in Salz. Berühre damit deine Zungenspitze, dann weit hinten und auf der Seite. Wo schmeckst du es am meisten?

Mach dasselbe mit Zucker, Zitrone und Kaffee. Kannst du erkennen, wie sie schmecken?

Versuche, eine Tabelle wie die unten zu machen.

Essen	Zungenabschnitt	Geschmack
Salz	Seite hinten	
Zucker		Süß
Zitrone		
Kaffee		

Verkoster

Manche Leute tun sich bei der Unterscheidung von Geschmacksrichtungen sehr leicht. Sie können professionelle Tee- oder Weintester werden.

Essen, das nicht gut für dich ist

Wenn du immer nur dein Lieblingsessen zu dir nehmen würdest, bekäme dein Körper nicht all die wichtigen Stoffe, die er braucht. Manches hat kaum wertvolle Inhaltstoffe und ist schlecht für dich, wenn du zu viel davon isst.

Süßes

Zucker macht alles süß. Er gehört zu den Kohlenhydraten, gibt dir also Energie. Zu viel lässt dich allerdings dick werden und deine Zähne gehen kaputt.

Je mehr Süßes du isst, desto mehr Plomben wirst du beim Zahnarzt bekommen.

Fettes

Gebratenes, wie ein Hamburger zum Beispiel, hat viel zusätzliches Fett. Es macht dich so satt, dass du wahrscheinlich keine Lust mehr auf andere, gesunde Dinge hast. Zusätzliches Fett wirkt wie schwere Taschen, die man mit sich herumschleppt. Dein Körper und dein Herz müssen schwerer arbeiten, um das Gewicht zu tragen.

Was ist Junkfood?

Essen, das fast nur aus minderwertigen Zutaten besteht und nur wenig Gesundes enthält, nennt man Junkfood.

Süßigkeiten und Limonaden enthalten fast nur Zucker.

Eiscreme, Milchshakes und Kekse bestehen vor allem aus Fett und Zucker.

Fastfood wird oft frittiert und hat jede Menge Fett.

Was ist eine Lebensmittelallergie?

Manchen Leuten wird schlecht, sobald sie etwas Bestimmtes essen. Sie bekommen Kopfschmerzen oder einen Ausschlag oder sie müssen sich übergeben. Das nennt man eine Lebensmittelallergie.

Das Lieblingsessen von jemandem kann einen anderen richtig krank machen.

Ziemlich viele Leute reagieren allergisch auf Fisch, Eier, Erdbeeren oder Meeresfrüchte.

Probleme mit Nahrungsmitteln

Bei manchen Leuten kann der Körper Zucker nicht speichern. Deshalb essen sie sehr wenig davon. Manche brauchen Spritzen, damit ihr Körper Zucker verarbeiten kann. Die Krankheit nennt man Diabetes.

Es gibt Schokolade mit weniger Zucker, die auch Diabetiker essen können.

Andere Leute vertragen Gluten – ein Eiweißstoff im Weizen – nicht. Sie können nichts mit Weizen oder Weizenmehl essen. Das nennt man Zöliakie.

Weißt du, welche der abgebildeten Dinge Weizen enthalten?

Religion

Manche Leute können einiges nicht essen, weil es ihre Religion verbietet. Moslems und Juden essen zum Beispiel kein Schweinefleisch.

Woher kommt unser Essen?

Fast alles, was du isst, kommt von Pflanzen oder Tieren.

Pflanzen produzieren ihre Nahrung selbst, indem sie Sonnenenergie nutzen. Tiere fressen Pflanzen oder andere Tiere. Menschen tun das auch. Die Reihenfolge, in der eine Art die andere frisst, nennt man Nahrungskette.

Brot und Cornflakes sind aus Getreide.

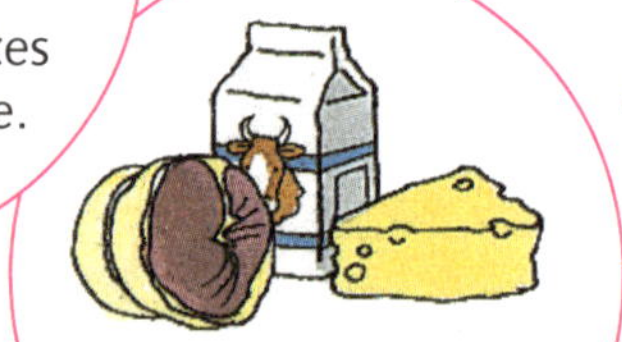
Rindfleisch, Käse und Milch kommen von Kühen.

Kannst du bei allen Dingen auf diesem Bild sagen, woher sie kommen? Kannst du die Nahrungskette für ein Ei aufstellen?

Menschen, die kein Fleisch essen

Leute, die sich dafür entschieden haben, kein Fleisch zu essen, nennt man Vegetarier. Manche wollen keine Tiere töten und finden, dass ihre Haltung Tierquälerei sei.

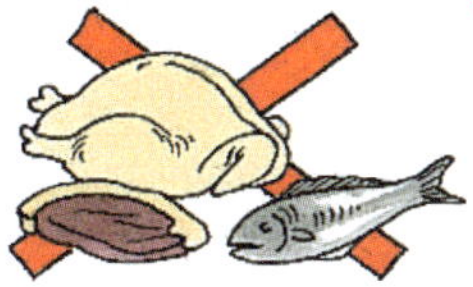

Vegetarier essen kein Fleisch und keinen Fisch.

Manche Leute essen und verwenden gar nichts, was von Tieren kommt. Sie werden Veganer genannt.

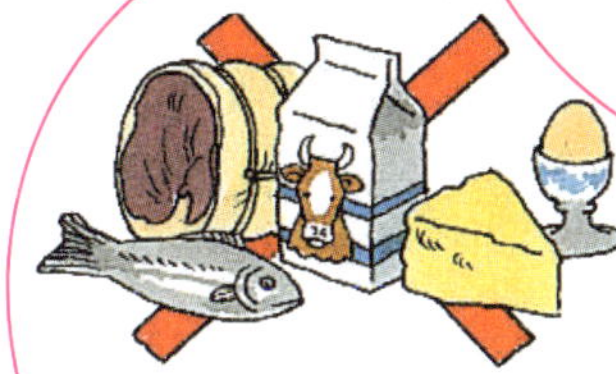

Veganer essen kein Fleisch, keinen Fisch, keine Milch, Eier und keinen Käse.

Viele Leute bekommen das meiste Eiweiß, das sie brauchen, aus Fleisch, obwohl Pflanzen auch welches enthalten. Vegetarier und Veganer müssen darauf achten, genügend Eiweiß zu sich zu nehmen.

Wie werden Tiere gehalten?

Für die meisten Landwirte ist es wichtiger, eine Menge Nahrungsmittel billig zu produzieren, als die Tiere anständig zu halten. Das kommt daher, dass billiges Essen eher gekauft wird.

Hühner, die auf dem Bauernhof herumlaufen, werden frei laufend genannt.

Hühner legen nachts keine Eier. Wenn sie aber in warmen Käfigen mit Licht gehalten werden, legen sie mehr.

Hühner, die in Käfigen gehalten werden, nennt man Batteriehühner. Sie legen etwa 270 Eier pro Jahr.

Ein frei laufendes Huhn legt vielleicht nur 80 Eier pro Jahr, also sind die Eier teurer.

Gibt es genug zu essen?

Wenn die Nahrungsmittel der ganzen Welt gleichmäßig verteilt würden, hätte jeder genug zu essen. Doch das ist nicht so.

In den reichen Teilen dieser Welt, zum Beispiel Europa, Nordamerika und Australien, bekommen die meisten Leute jede Menge zu essen. Manche essen sogar zu viel.

Familien in reichen Ländern sind meist kleiner und so müssen sich weniger Leute das Essen teilen.

In den armen Teilen der Welt, zum Beispiel Afrika, Südostasien und Südamerika, haben die Leute weniger zu essen. Viele haben nicht genug.

Familien in diesen Ländern sind oft größer, also müssen mehr Menschen zu essen bekommen.

Weitere Probleme in armen Ländern

Ohne Regen kann nichts wachsen. Manche afrikanischen Länder haben seit mehreren Jahren keinen Regen mehr gehabt und nun ist aus ihren Anbauflächen Wüste geworden.

Wenn es Krieg gibt, werden die Felder zerstört. Oft gelangen die Nahrungsmittel aus anderen Ländern gar nicht bis zu den Leuten, denen geholfen werden soll.

Was ist Unterernährung?

Wenn Menschen nicht genug Nährstoffe erhalten, sind sie unterernährt. Das bedeutet, dass sie schneller krank werden können.

In vielen armen Ländern bekommen die Leute nicht genug Proteine. Vor allem Kinder brauchen Proteine, damit sie wachsen können. Fleisch enthält die meisten Proteine. Doch es ist teuer und viele können es sich nicht leisten.

Was ist eine Hungersnot?

Eine Hungersnot bricht aus, wenn es so wenig zu essen gibt, dass die Menschen sterben. Oft sterben sie an Krankheiten, die durch Unterernährung verursacht werden.

Wer hilft?

In den reichen Ländern gibt es Organisationen, die Nahrungsmittel dorthin schicken, wo es Hungersnöte gibt.

Nahrung der Zukunft

Wenn die Bevölkerung der Erde weiter wächst, wird es nicht mehr genügend Essen für alle geben. Vor allem Fleisch, Fisch und Eier werden fehlen.

Also suchen Wissenschaftler nach neuen Lebensmitteln, vor allem nach Pflanzen mit viel Protein.

Soja ist eine Pflanze aus China, die viel Protein enthält. Sie kann so verarbeitet werden, dass sie wie andere Lebensmittel aussieht und schmeckt.

Einige Wasserpflanzen enthalten viel Protein. Sie wachsen überall auf der Welt, doch sie werden nur in wenigen Ländern, zum Beispiel Japan, gegessen.

Rund um die Welt

Die Menschen in den verschiedenen Ländern essen unterschiedliche Dinge. Das kommt daher, dass es in jedem Teil der Erde andere Tiere und Pflanzen gibt. Auf der Karte sind die drei wichtigsten Feldfrüchte und ihre Anbauorte eingezeichnet.

Weit gereistes Essen

Viele Nahrungsmittel, die wir kennen, sind einmal aus fernen Ländern gekommen.

Marco Polo, ein berühmter italienischer Entdecker, brachte Nudeln aus Fernost mit.

Truthühner (Puten) kommen aus Mexiko.

Im 16. Jh. brachten spanische Soldaten die Kartoffel aus Südamerika.

Gewürze wie Nelke, Pfeffer und Zimt wurden im Mittelalter aus Nahost mitgebracht.

Wo kommen die Babys her?

Susan Meredith
Entwickelt von Linda Dark
Illustrationen von Sue Stitt und Kuo Kang Chen

Überarbeitet von Philippa Wingate
Mit Dank an Katarina Dragoslavić und Rosie Dickins
Beratung: Dr. Kevan Thorley und Cynthia Beverton
Aus dem Englischen von Ellen Oberlies

Alles über Babys

Wenn das Baby wächst, wird der Bauch seiner Mutter immer dicker.

Jeder auf der Welt war einmal ein Baby, das im Bauch seiner Mutter heranwuchs. Dieser Teil des Buches erzählt dir, wie Babys auf die Welt kommen und erwachsen werden.

Das Kind wächst im Mutterleib, in der Gebärmutter heran. Das ist ein warmer und sicherer Ort. Das Baby bleibt dort, bis es groß und stark genug ist, um auf der Welt zu überleben.

Nahrung und Sauerstoff

Ein ungeborenes Baby teilt sich mit seiner Mutter Nahrung und Sauerstoff.

Das Baby braucht Nahrung, um am Leben zu bleiben und zu wachsen. Es braucht außerdem Sauerstoff aus der Luft. Aber das Baby kann im Mutterleib weder atmen noch essen. Es erhält beides durch das Blut seiner Mutter.

Geburt

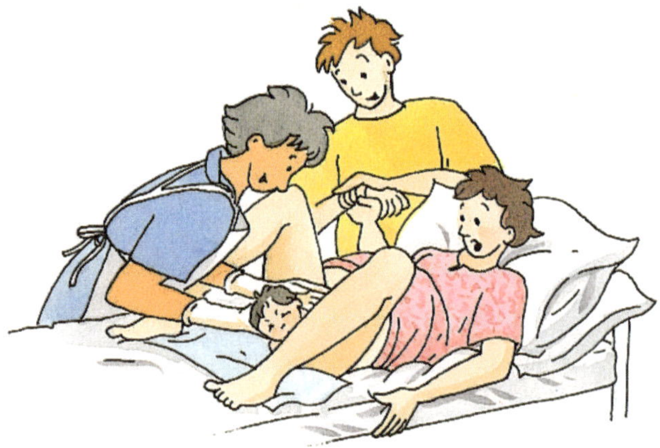

Das Baby bleibt etwa neun Monate im Bauch seiner Mutter. Das sind ungefähr 38 Wochen. Dann kann es geboren werden. Durch eine Öffnung zwischen den Beinen der Mutter kommt es aus ihrem Bauch heraus.

Füttern

Zu Beginn braucht das Baby nur Milch, entweder aus der Brust seiner Mutter oder aus der Flasche. Es muss alle paar Stunden gefüttert werden.

Weinen

Es ist nicht immer leicht, herauszufinden, warum das Baby gerade weint.

Ein Neugeborenes kann nichts selbst machen. Deshalb muss man sich dauernd darum kümmern. Weinen ist der einzige Weg, uns klar zu machen, dass es etwas braucht.

Tierbabys

Kätzchen trinken Milch aus den Zitzen ihrer Mutter.

Der Bauch einer Kuh wird dicker, wenn das Kalb in ihr wächst.

Viele Tiere wachsen auch im Bauch ihrer Mutter heran und werden genau wie Menschen geboren. Sie bekommen auch Milch von ihrer Mutter.

Groß werden

Babys lernen nach und nach immer mehr selbst zu machen.

Viele Tiere trennen sich bereits sehr jung von ihren Eltern. Es dauert Jahre, bis Kinder ohne ihre Eltern zurechtkommen.

Beginn des Wachstums

Wir alle bestehen aus Millionen kleiner Teilchen, die man Zellen nennt. Ein Baby entsteht aus nur zwei ganz besonderen Zellen: eine von der Mutter und eine vom Vater. Aus diesen beiden Zellen entsteht eine neue Zelle.

Zellteilung

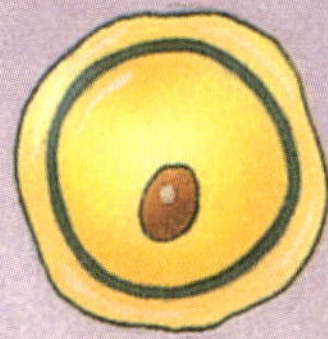

Jede Zelle ist nicht größer als ein Punkt am Ende eines Satzes.

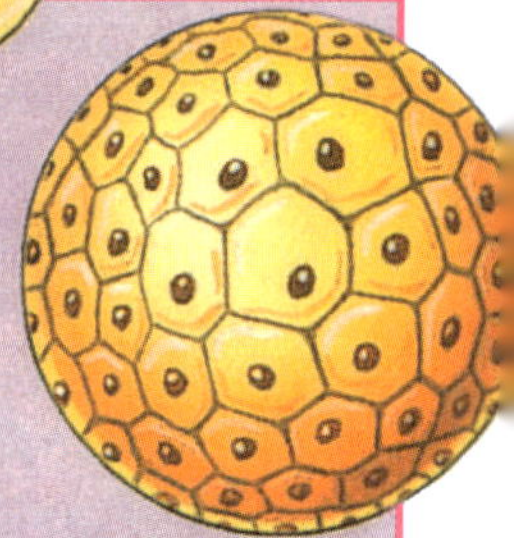

Die neue Zelle teilt sich in zwei exakt gleiche Zellen. Diese beiden Zellen teilen sich dann wieder. Sie teilen sich so lange, bis ein ganzer Klumpen Zellen entstanden ist.

In der Gebärmutter

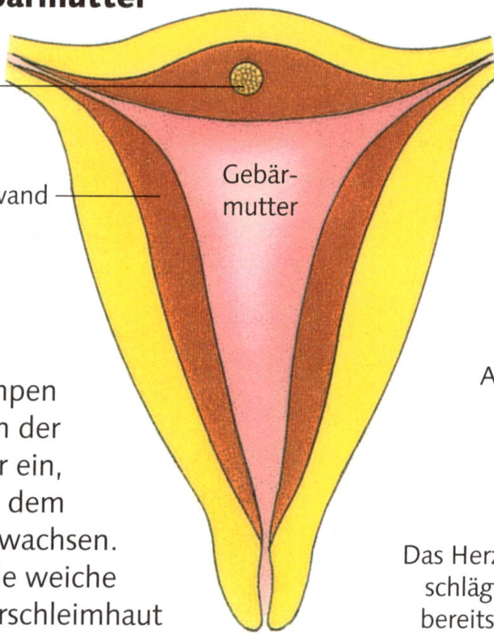

Der Zellklumpen bettet sich in der Gebärmutter ein, dem Ort, an dem Babys heranwachsen. Er sinkt in die weiche Gebärmutterschleimhaut ein und wächst weiter.

Nach einem Monat ist das Baby immer noch nicht größer als ein Bohnenkern, aber die sich teilenden Zellen formen nun allmählich die verschiedenen Körperteile des Babys.

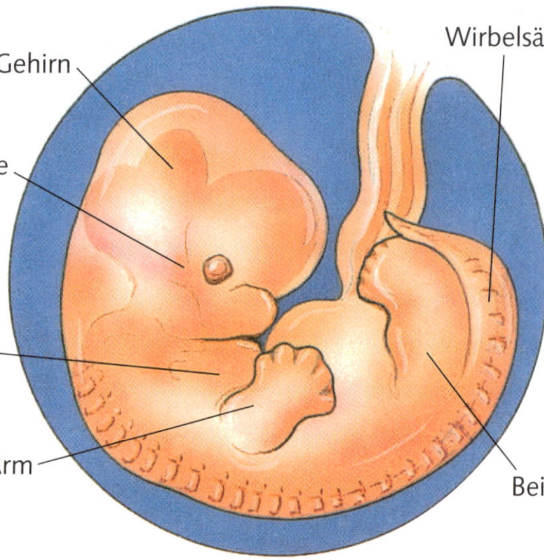

Die Rettungsleine des Babys

Das Baby ist durch eine spezielle Schnur mit der Gebärmutterwand verbunden. Nahrung und Sauerstoff, die das Baby braucht, wandern vom Blut der Mutter durch diese Schnur in den Körper des Babys.

Wie jeder andere auch, muss das Baby Abfallstoffe loswerden. Sie wandern durch die Nabelschnur vom Blut des Babys in das der Mutter. Ihr Körper scheidet sie dann aus, wenn sie auf die Toilette geht.

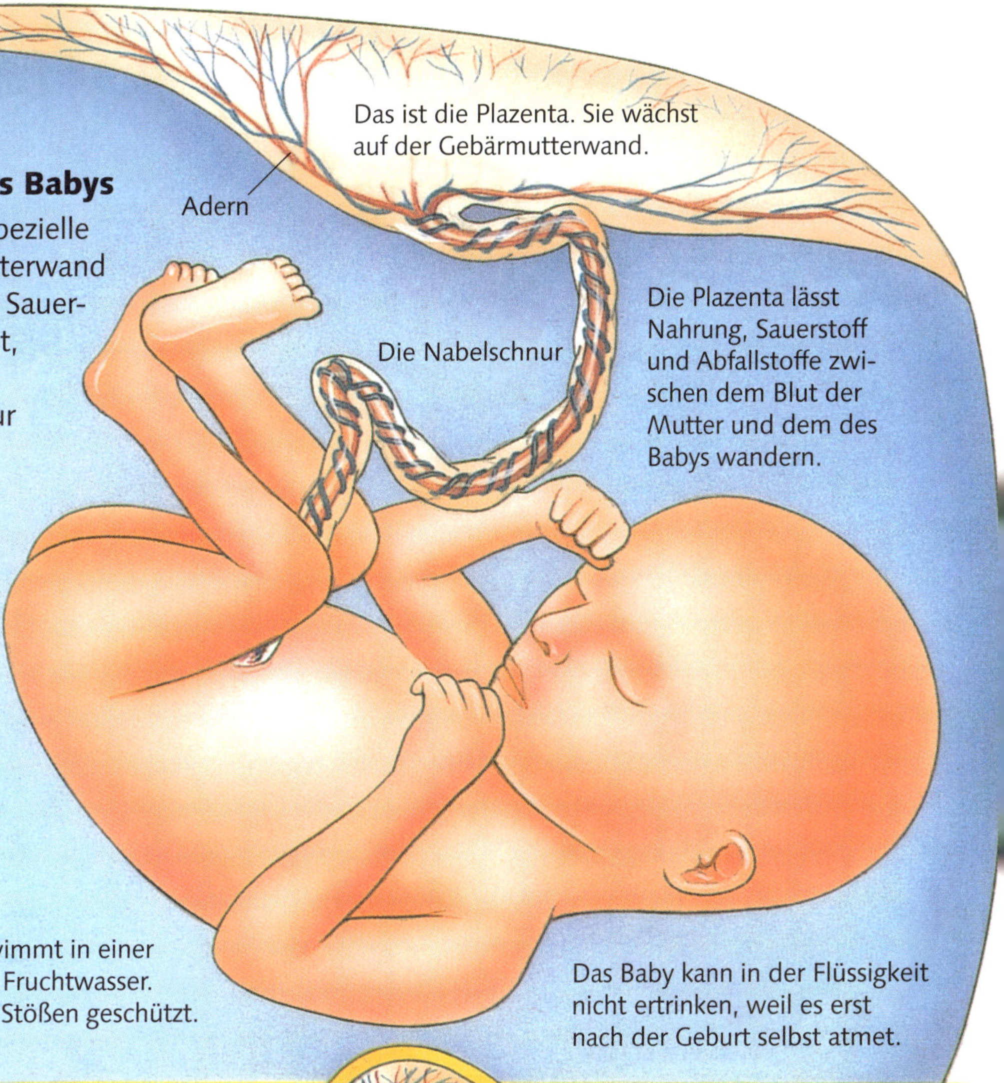

Größer werden

Das Baby wächst. Es bewegt sich, strampelt und schläft auch. Es kann den Herzschlag der Mutter und Geräusche von außerhalb hören. Manche Babys bekommen sogar einen Schluckauf.

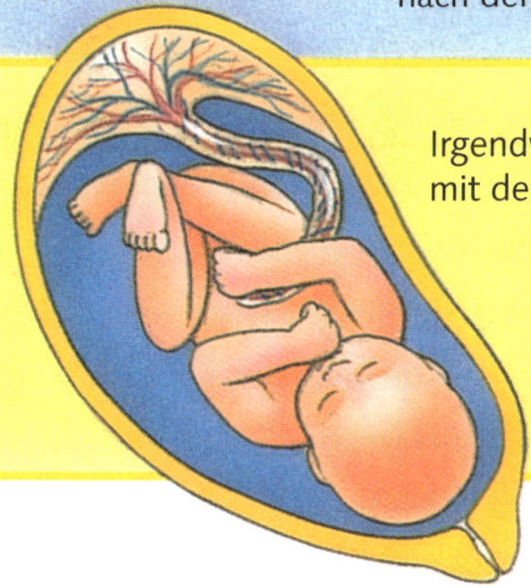

Wie ist das, wenn man schwanger ist?

Wenn eine Mutter ein Baby in sich trägt, sagt man, sie ist schwanger. Während der Schwangerschaft verändert sich ihr Körper.

Kontrollen

Die Mutter wird regelmäßig untersucht, um sicherzugehen, dass sie und das Baby gesund sind. Das wird von einem Arzt oder einer Hebamme gemacht. Eine Hebamme ist eine Frau, die sich um Schwangere kümmert.

Die Mutter wird gewogen. Sie muss zunehmen, wenn das Baby wächst.

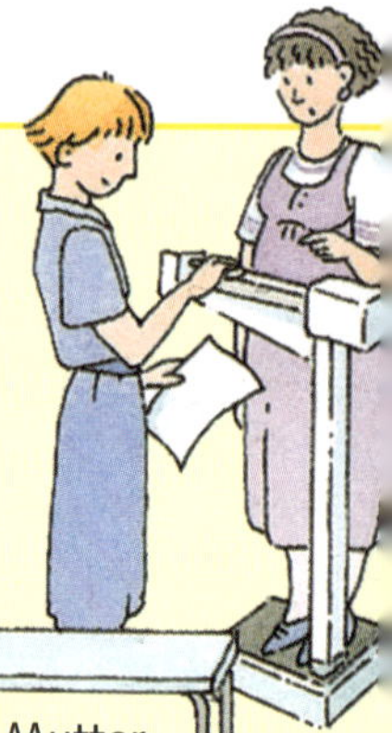

Das Blut und der Urin der Mutter werden untersucht. Das hilft der Hebamme festzustellen, ob es Mutter und Kind gut geht.

Auf sich Acht geben

Die Mutter muss besonders auf sich aufpassen. Wenn es ihr gut geht, ist das Baby meist auch gesund.

Sie ernährt ihr Baby mit. Deshalb muss sie gesund essen.

Leichter Sport pumpt mehr Blut zum Baby und die Mutter fühlt sich auch besser.

Es ist nicht gut für das Baby, wenn die Mutter raucht, Alkohol trinkt oder bestimmte Medikamente einnimmt.

Ihr Körper muss sich mehr anstrengen, um das Baby mitzuversorgen. Deshalb muss sie sich öfter ausruhen.

Wenn ihr Bauch dick wird, sollte sie keine schweren Sachen mehr tragen. Das schadet ihrem Rücken.

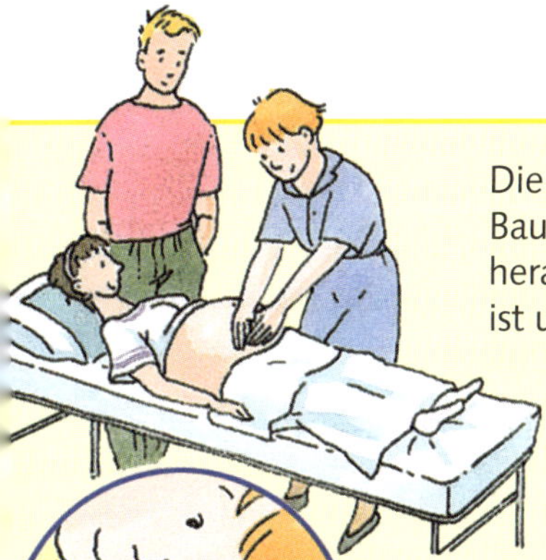

Die Hebamme tastet den Bauch ab. So findet sie heraus, wie groß das Baby ist und wie es liegt.

Sie horcht das Herz des Babys mit einem speziellen Stethoskop durch den Bauch der Mutter ab.

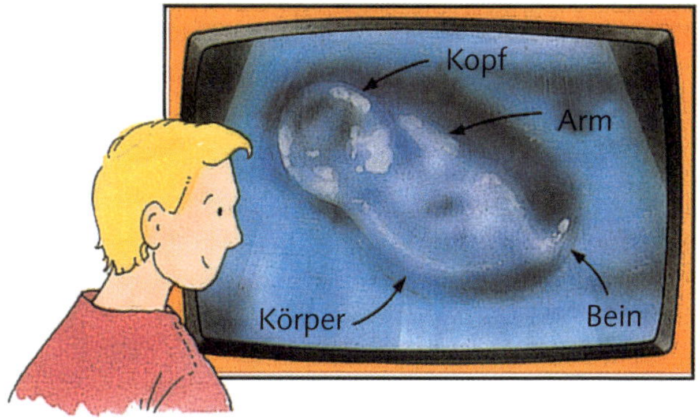

Bilder vom Baby

Mit einem Ultraschallgerät kann man bewegte Bilder vom Baby in der Gebärmutter machen. Sie werden auf einen Fernsehschirm übertragen und zeigen, wie sich das Baby entwickelt.

Boxen

Nach etwa fünf Monaten spürt die Mutter, wie sich das Baby bewegt. Später boxt es sie auch.

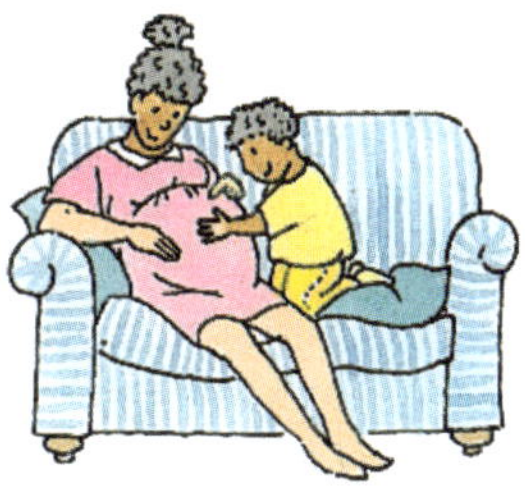

Du kannst das Boxen spüren, wenn du deine Hand auf den Bauch der Mutter legst.

Später kann die Mutter sehen, wie sich ihr Bauch bewegt, und vielleicht sogar sagen, ob eine Beule von einer Hand oder einem Fuß ist.

Wachsen

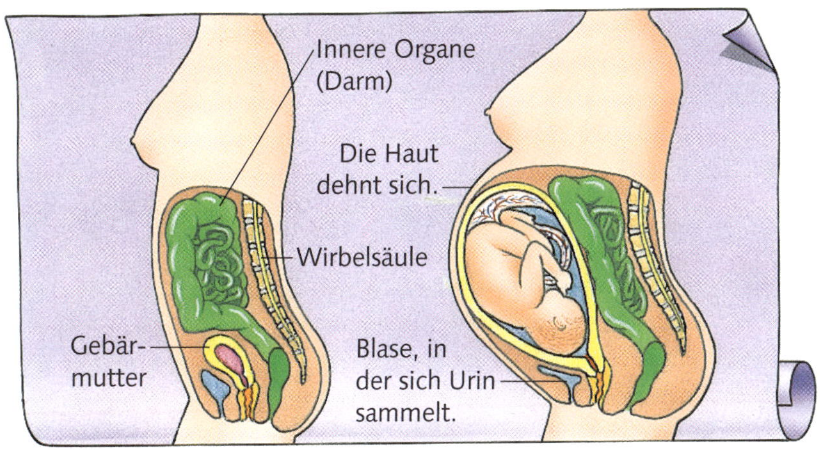

Die Gebärmutter ist normalerweise so groß wie eine Birne. Wenn das Baby wächst, dehnt sie sich aus und die anderen Organe im Körper werden zusammengedrückt. Das kann etwas unangenehm sein, aber später wird alles wieder wie vorher.

Mütter und Väter

Die speziellen Zellen von Mutter und Vater, die ein Baby entstehen lassen, sind die Geschlechtszellen. Sie sind unterschiedlich.

Eizellen

Die Geschlechtszellen der Mutter nennt man Eizellen oder Ova. Sie hat ganz viele Eizellen in ihrem Körper. Sie werden in der Nähe der Gebärmutter aufbewahrt.

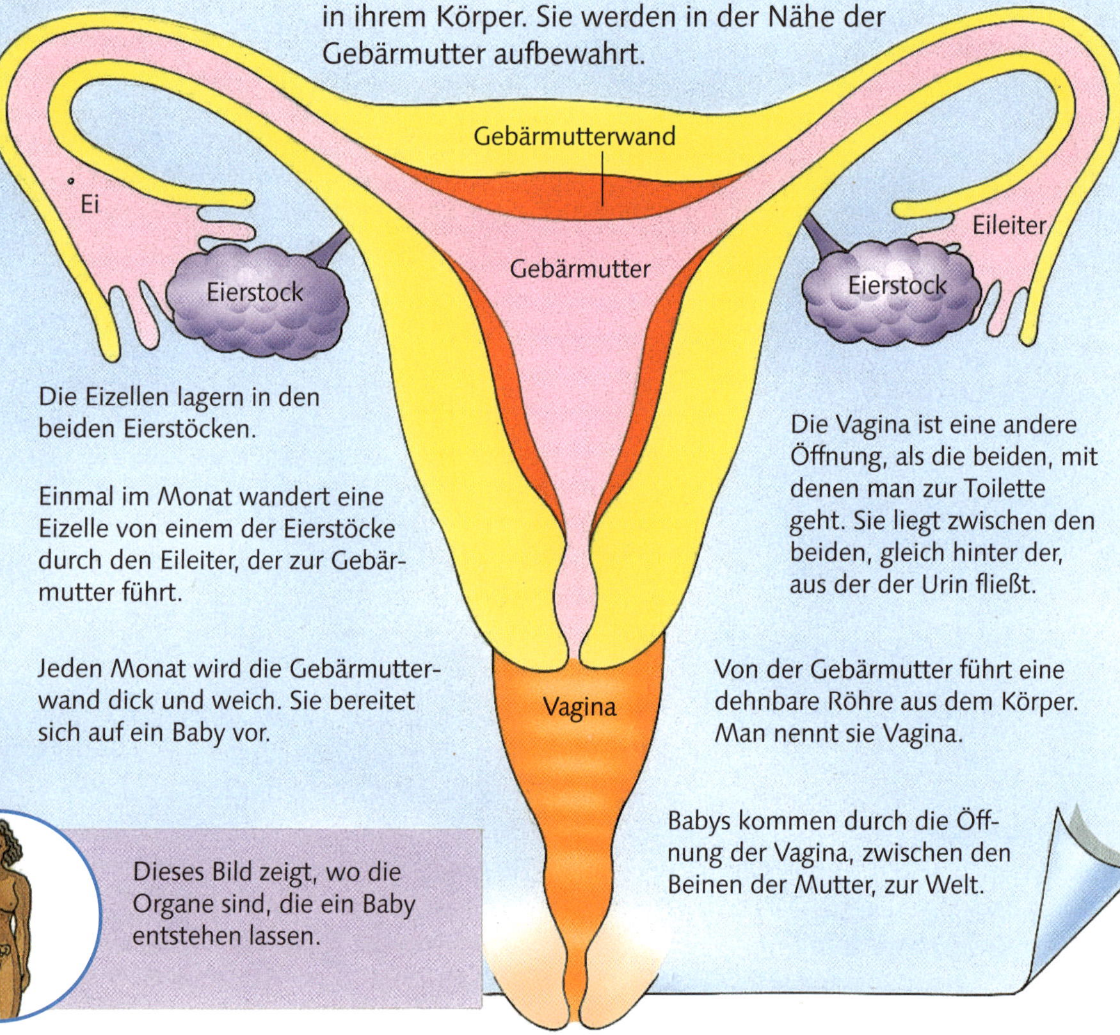

Die Eizellen lagern in den beiden Eierstöcken.

Einmal im Monat wandert eine Eizelle von einem der Eierstöcke durch den Eileiter, der zur Gebärmutter führt.

Jeden Monat wird die Gebärmutterwand dick und weich. Sie bereitet sich auf ein Baby vor.

Die Vagina ist eine andere Öffnung, als die beiden, mit denen man zur Toilette geht. Sie liegt zwischen den beiden, gleich hinter der, aus der der Urin fließt.

Von der Gebärmutter führt eine dehnbare Röhre aus dem Körper. Man nennt sie Vagina.

Babys kommen durch die Öffnung der Vagina, zwischen den Beinen der Mutter, zur Welt.

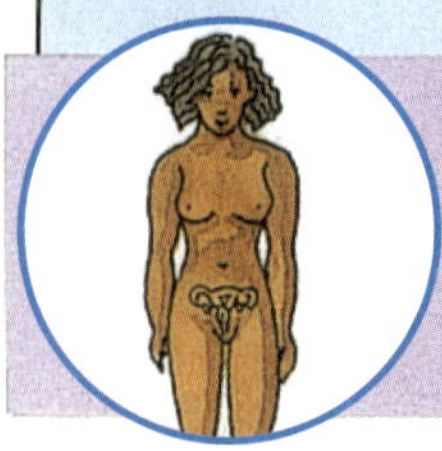

Dieses Bild zeigt, wo die Organe sind, die ein Baby entstehen lassen.

Sperma

Die Geschlechtszellen des Vaters werden Spermien genannt. Spermien werden in den beiden Hoden des Vaters gebildet. Die Hoden sind in zwei Hautsäcken, die hinter seinem Penis liegen.

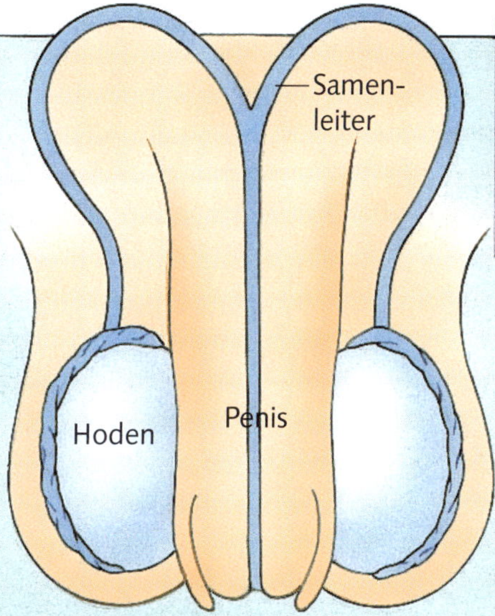

Die Körperteile, mit denen der Vater Babys machen kann, liegen zwischen seinen Beinen.

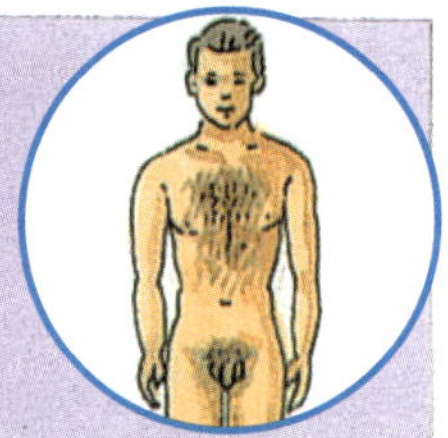

Sperma kann von den Hoden durch zwei Schläuche, den Samenleitern, zum Penis wandern.

Urin kommt niemals gleichzeitig mit Sperma aus dem Penis.

Erwachsen werden

Kleine Mädchen und Jungen können noch nicht Eltern werden. Die Organe, mit denen man Babys machen kann, funktionieren erst, wenn dein Körper wie der eines Erwachsenen aussieht.

Was, wenn kein Baby entsteht?

Wenn kein Baby heranwächst, wird die dicke Gebärmutterwand nicht gebraucht. Das Polster und das Ei zerfallen und tropfen mit etwas Blut aus der Vagina der Mutter. Das dauert einige Tage und wird die Periode genannt. Um das, was herausfließt, aufzusaugen, steckt sich die Mutter einen Tampon in die Scheide oder sie legt eine Binde in ihre Unterhose.

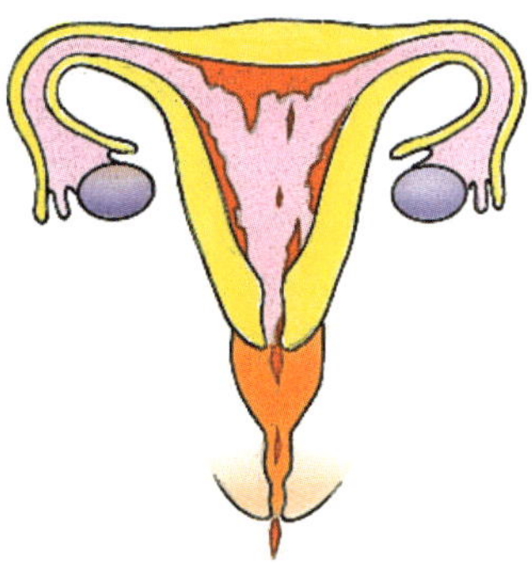

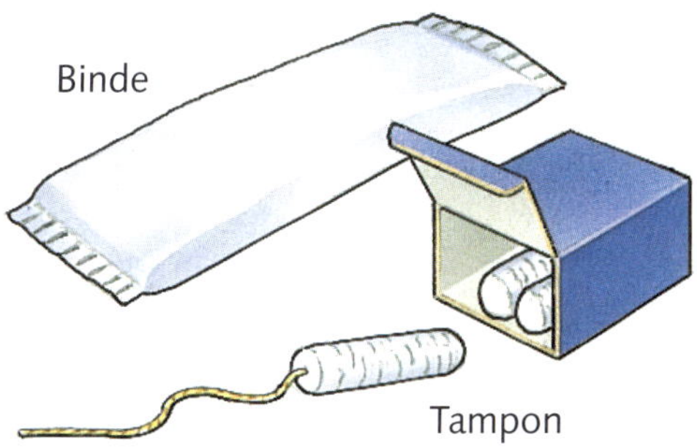

Wie entsteht ein Baby?

Ein Baby entsteht, wenn Ei und Sperma aufeinander treffen und verschmelzen. Dies geschieht im Körper der Mutter. Das Sperma gelangt durch die Vagina der Mutter dorthin.

Mutter und Vater umarmen sich ganz eng. Der Penis des Vaters wird ganz steif und passt in die Vagina der Mutter. Das nennt man miteinander schlafen oder Sex machen.

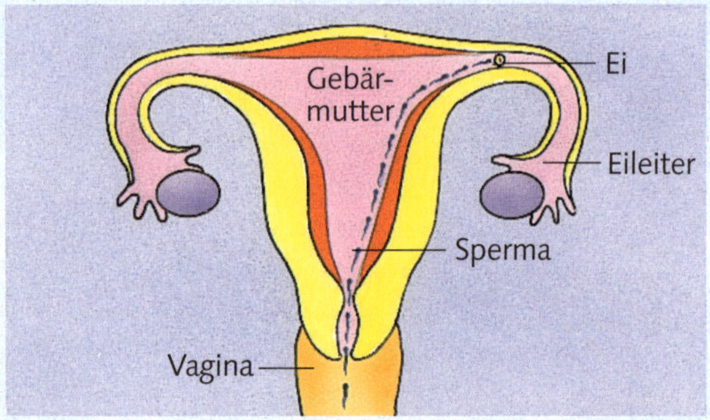

Spermien kommen aus einer Öffnung an der Spitze des Penis heraus und schwimmen in die Gebärmutter und Eileiter der Frau hinein. Wenn die Spermien im Eileiter auf ein Ei treffen, kann es sein, dass sich eines mit dem Ei verschmelzt.

Spermien haben lange Schwänze, die sie bewegen. So können sie besser schwimmen.

Der Augenblick, wenn Spermium und Ei sich vereinigen, nennt man Empfängnis oder Befruchtung. Jetzt kann ein Baby heranwachsen.

Schwanger oder nicht?

Es dauert mehrere Monate, bis der Bauch der Mutter dicker wird. Aber sie kann trotzdem merken, dass sie schwanger ist.

Wenn sie schwanger ist, hört ihre monatliche Periode auf. Die Verdickung der Gebärmutterwand wird für das heranwachsende Baby gebraucht.

Manchen Schwangeren wird schlecht. Das kommt von Stoffen (Hormonen) in ihrem Blut.

Die Hormone können bewirken, dass sie ihr Lieblingsessen plötzlich nicht mehr mag und andere Dinge total gern isst.

Ihre Brüste werden größer und etwas empfindlich. Sie bereiten sich darauf vor, Milch für das Baby zu produzieren.

Um sicherzugehen, dass sie schwanger ist, wird der Urin der Mutter darauf untersucht, ob er eines der Schwangerschaftshormone enthält.

Wie wird ein Baby geboren?

Nach neun Monaten im Bauch der Mutter ist das Baby für die Geburt bereit. Es muss die warme, sichere Gebärmutter verlassen und durch die Vagina auf die Welt kommen. Das nennt man auch Entbindung.

Wehen

Die Gebärmutter ist eigentlich nichts anderes als ein sehr starker Muskel. Während der Wehen zieht er sich immer wieder zusammen, bis das Baby herauskommt. Jedes Ziehen wird Wehe genannt.

Das Baby wird die Plazenta nicht mehr lange brauchen.

Das zweite Bein der Mutter wurde hier weggelassen, damit du das Baby genau sehen kannst.

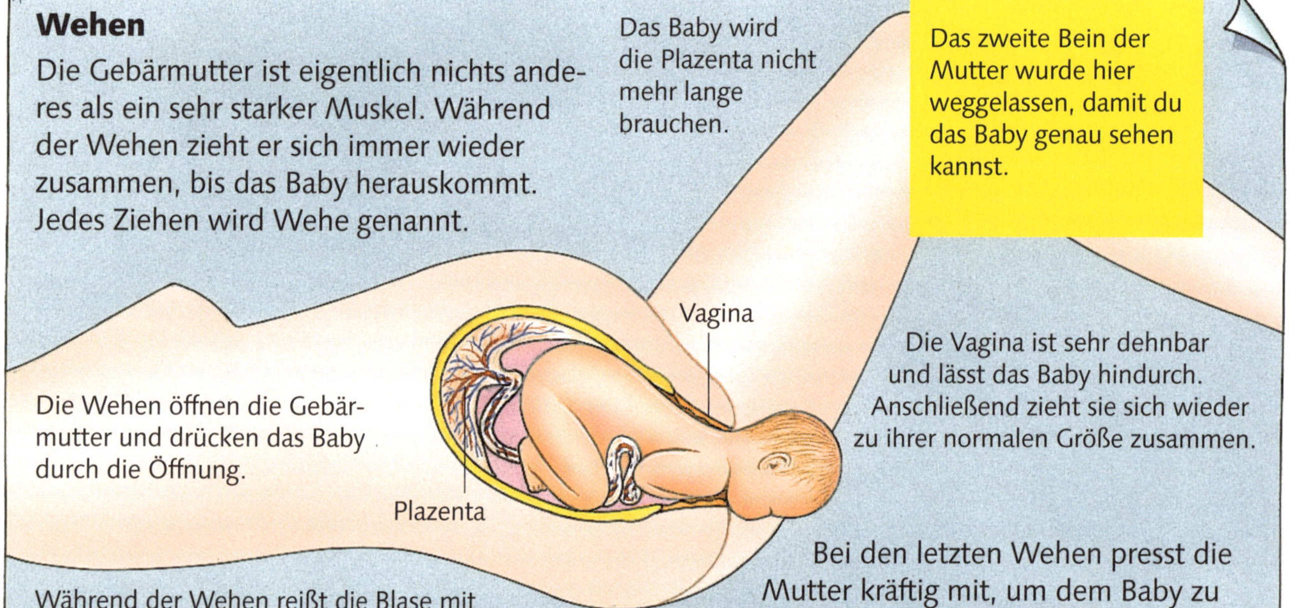

Die Wehen öffnen die Gebärmutter und drücken das Baby durch die Öffnung.

Die Vagina ist sehr dehnbar und lässt das Baby hindurch. Anschließend zieht sie sich wieder zu ihrer normalen Größe zusammen.

Während der Wehen reißt die Blase mit der Flüssigkeit, die das Baby umgeben hat. Das Wasser läuft durch die Vagina der Mutter ab.

Bei den letzten Wehen presst die Mutter kräftig mit, um dem Baby zu helfen. Nach der Geburt kommen die Plazenta und die leere Fruchtblase auch bald heraus.

Wann beginnen die Wehen?

Wenn das Baby für die Geburt bereit ist, wandern bestimmte Hormone aus seinem Blut durch die Nabelschnur ins Blut der Mutter und lassen die Wehen einsetzen.

Die Mutter spürt die Wehen als starken Schmerz im Unterleib. Die meisten Mütter gehen für die Geburt ins Krankenhaus. Manche bleiben jedoch auch zu Hause.

Hilfe für die Mutter

Ein Baby zu bekommen ist aufregend, aber auch ganz schön anstrengend und kann viele Stunden dauern. Während der Geburt kümmert sich eine Hebamme um die Mutter. Der Vater kann auch helfen.

Die Mutter kann eine Spritze gegen die Schmerzen bekommen. Ein Gas, das sie durch eine Maske einatmet, kann ebenfalls helfen.

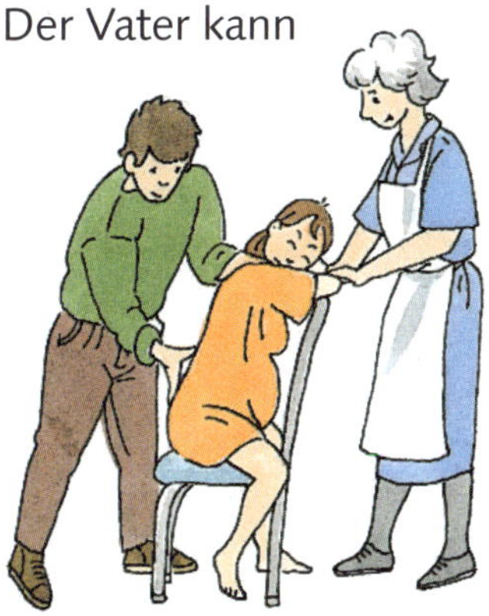

Der Vater kann der Mutter den Rücken massieren, wenn er ihr wehtut, und sie dazu ermuntern sich zu entspannen und richtig zu atmen.

Der Herzschlag des Babys

Die Hebamme kontrolliert den Herzschlag des Babys während der Geburt, um sicherzugehen, dass es ihm gut geht. Im Krankenhaus wird der Herzschlag manchmal mit einer Maschine namens Wehenschreiber kontrolliert.

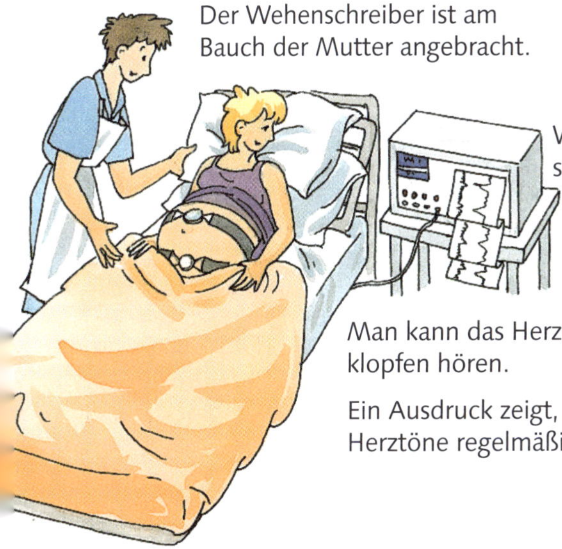

Der Wehenschreiber ist am Bauch der Mutter angebracht.

Wehen-schreiber

Man kann das Herz klopfen hören.

Ein Ausdruck zeigt, ob die Herztöne regelmäßig sind.

Was ist ein Kaiserschnitt?

Manchmal kann das Baby nicht auf normalem Wege geboren werden. Stattdessen wird es durch einen Schnitt in den Bauch der Mutter herausgehoben. Das nennt man einen Kaiserschnitt.

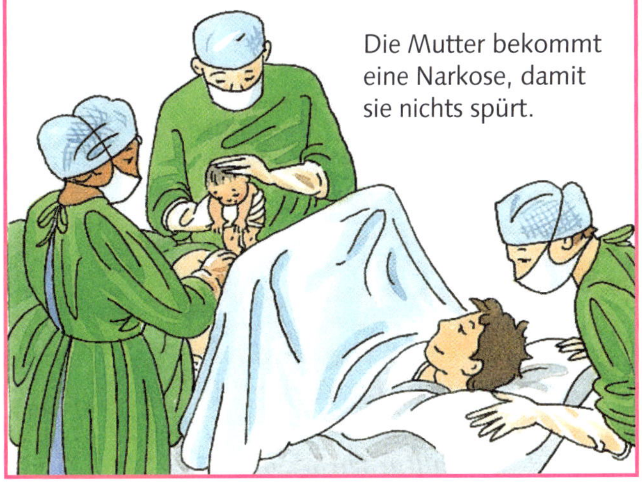

Die Mutter bekommt eine Narkose, damit sie nichts spürt.

Neugeborene

Zuallererst schaut man bei einem neugeborenen Baby zwischen die Beine. Mädchen oder Junge?

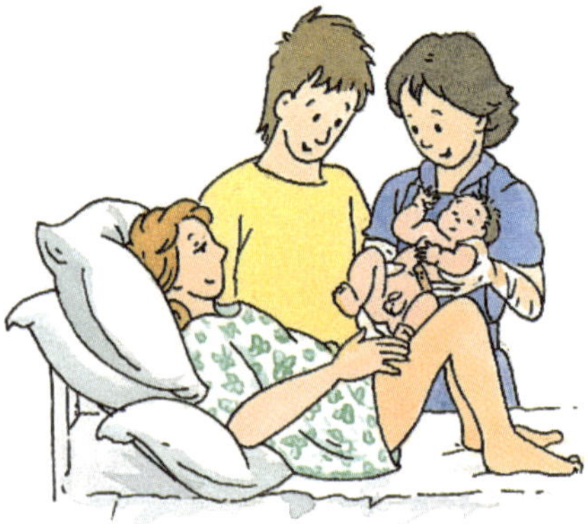

Die Hebamme achtet darauf, dass das Baby kein Blut oder Wasser in Nase oder Mund hat. Jetzt kann es atmen.

Wenn das Baby selbst atmen und essen kann, braucht es die Nabelschnur nicht mehr. Sie wird abgeschnitten.

Der kleine Rest Nabelschnur trocknet und fällt nach einigen Tagen ab. Dein Bauchnabel zeigt, wo die Nabelschnur einmal war.

Die Hebamme kontrolliert, ob es dem Baby gut geht, und wiegt es. Es wird immer wieder gewogen werden, um sicherzugehen, dass es wächst.

Im Krankenhaus bekommt jedes Neugeborene ein Namensschild ans Handgelenk. So werden Verwechslungen vermieden.

Die Eingewöhnungszeit

Das Baby hatte es neun Monate lang sehr gemütlich im Mutterleib. Es ist vermutlich ein echter Schock, jetzt plötzlich hier draußen auf der Welt zu sein. Es ist wohl auch noch von der Geburt erschöpft.

Das Baby wird sich leichter an seine neue Umgebung gewöhnen, wenn es sehr sanft behandelt und leise mit ihm gesprochen wird. Es kann auch helfen, wenn es nicht so hell ist.

Die Mutter beginnt mit dem Füttern.

Die Eltern kuscheln mit dem Baby und lernen es kennen. Die Geschwister kommen auch, um es kennen zu lernen.

Neugeborene müssen warm eingepackt werden. Sie kühlen schnell aus.

Manche Babys sind fast kahl. Andere haben ganz viele Haare, einige sogar am ganzen Körper. Die fallen jedoch bald aus.

Babys haben eine weiche Stelle auf dem Kopf. Nach und nach wachsen Knochen darüber. Bis das passiert ist, muss man aufpassen, dass sie sich nicht am Kopf stoßen.

Im Krankenhaus schlafen die Babys normalerweise in einem Bettchen neben dem Bett ihrer Mutter.

Brutkästen

Wenn ein Neugeborenes sehr klein oder krank ist, muss es vielleicht in den Brutkasten. Das ist ein durchsichtiges Bettchen, das ganz verschlossen und warm ist.

Die Eltern können das Baby durch Öffnungen in der Wand berühren.

Warum ist ein Baby so und nicht anders?

Das Ei der Mutter und das Spermium des Vaters enthalten alle Informationen, damit das Baby wachsen kann.

Chromosomen

Die Informationen liegen verschlüsselt in speziellen Fäden, die Chromosomen genannt werden. Diese Informationen sind die Erbanlagen (Gene).

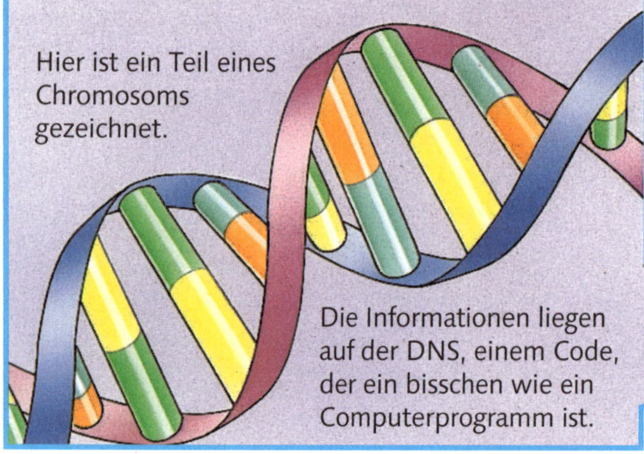

Hier ist ein Teil eines Chromosoms gezeichnet.

Die Informationen liegen auf der DNS, einem Code, der ein bisschen wie ein Computerprogramm ist.

Wenn das Ei und das Spermium bei der Befruchtung verschmelzen, erhält die neue Zelle Chromosomen von beiden. Kopien davon werden an jede neue Zelle weitergereicht.

Die Zellen eines Menschen haben 46 Chromosomen – 23 vom Ei und 23 vom Spermium.

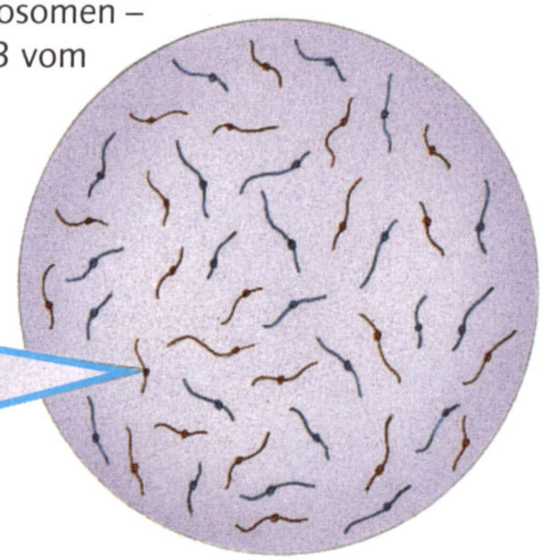

Weil du die Chromosomen von Mutter und Vater hast, wirst du beiden ähnlich sein. Die Mischung aus zwei Paar Informationen bedeutet auch, dass du einzigartig bist.

Die meisten deiner Eigenschaften, zum Beispiel wie du aussiehst, hängen von deinen Chromosomen ab. Andere Dinge hängen auch damit zusammen, wie sich dein Leben nach der Geburt gestaltet.

Du wirst vermutlich ein besserer Schwimmer, wenn du oft im Schwimmbad bist.

Mädchen oder Junge?

Ob ein Baby ein Mädchen oder ein Junge wird, entscheidet sich bei der Befruchtung. Es hängt von einem Chromosom im Ei und von einem im Spermium ab. Das sind die Geschlechtschromosomen.

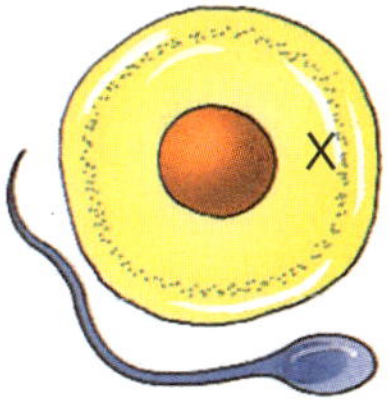

X oder Y

Das Geschlechtschromosom in jeder Eizelle wird X genannt. Die Hälfte der Spermien haben auch ein X-Chromosom, doch die andere Hälfte haben eines, das man Y nennt.

Wenn ein Spermium mit einem X-Chromosom mit einem Ei verschmelzt, wird es ein Mädchen.

Mädchen haben zwei X-Chromosomen.

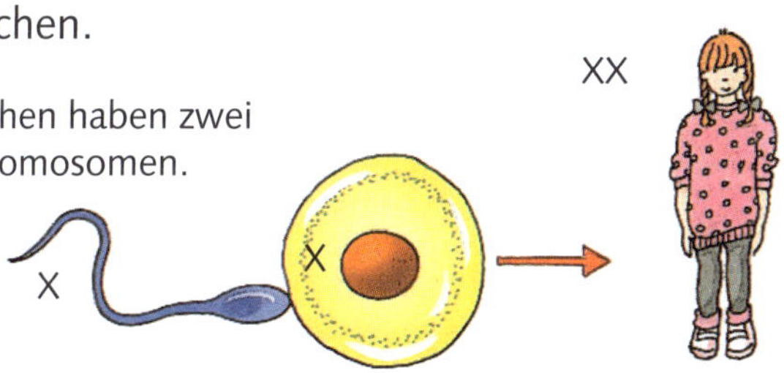

Wenn ein Spermium mit einem Y-Chromosom mit einem Ei verschmelzt, wird es ein Junge.

Jungen haben ein X- und ein Y-Chromosom.

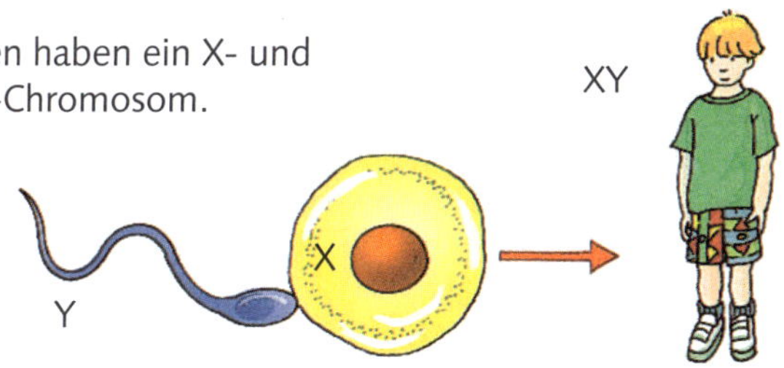

Zwillinge

Zwillinge wachsen gleichzeitig im Bauch ihrer Mutter heran und werden, eines nach dem anderen, zur selben Zeit geboren. Manche Zwillinge sind eineiig. Das bedeutet, dass sie ganz genau gleich aussehen. Die meisten sind zweieiig, gleichen sich also nur wie normale Geschwister.

Manchmal spaltet sich die neue Zelle, die bei der Befruchtung entsteht. Aus jeder Hälfte wird dann ein Baby. Diese Zwillinge sind eineiig, weil sie aus demselben Ei und Spermium entstanden sind.

Eineiige Zwillinge haben immer das gleiche Geschlecht.

Manchmal treffen zur selben Zeit zwei Spermien auf zwei Eizellen und es wachsen zwei Babys heran. Das sind dann zweieiige Zwillinge, weil sie von verschiedenen Eizellen und Spermien stammen.

Zweieiige Zwillinge können das gleiche Geschlecht haben oder ein Junge und ein Mädchen sein.

Was brauchen Babys?

Babys müssen noch völlig umsorgt werden. Sie werden gefüttert und warm gehalten. Man muss dafür sorgen, dass sie sauber sind und es gemütlich haben. Sie brauchen jede Menge Liebe und Aufmerksamkeit und viel Unterhaltung um sich herum.

Stillen

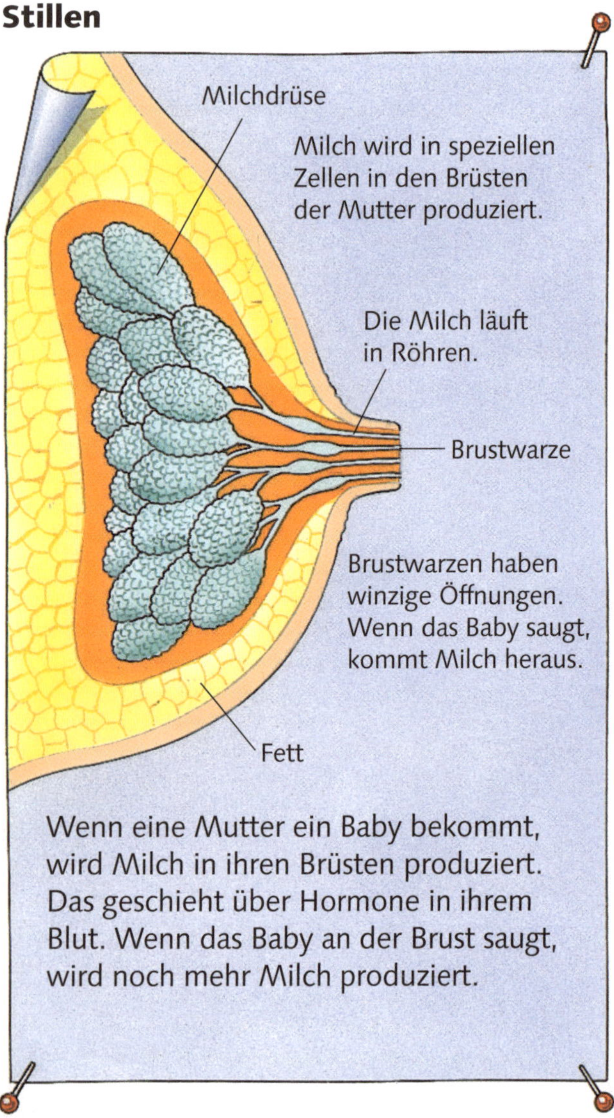

Wenn eine Mutter ein Baby bekommt, wird Milch in ihren Brüsten produziert. Das geschieht über Hormone in ihrem Blut. Wenn das Baby an der Brust saugt, wird noch mehr Milch produziert.

Wenn eine Mutter stillt, muss sie mehr essen, ganz viel trinken und sich oft ausruhen.

Muttermilch entsteht aus Nährstoffen im Blut und ist die beste Nahrung für ein Baby. Sie enthält chemische Stoffe, die man Antikörper nennt. Sie helfen dem Baby, Krankheiten abzuwehren.

Flaschennahrung

Wenn Babys nicht gestillt werden, bekommen sie spezielles Milchpulver. Es wird normalerweise aus Kuhmilch hergestellt und dann so verändert, dass es der Muttermilch ähnelt.

Milchpulver wird mit Wasser für eine Flasche gemischt.

Normale Kuhmilch ist für Babys nicht geeignet.

Kuscheln

Ein kleines Baby kann seinen Kopf noch nicht selbst halten. Sein Kopf muss immer gestützt werden.

Ein Kissen verhindert, dass dein Arm müde wird.

Man muss viel mit Babys kuscheln, damit sie sich sicher fühlen und zufrieden sind. Dabei muss man sehr behutsam mit ihnen umgehen.

Babys können genau wie alte Menschen Keime nicht so gut abwehren. Die Flaschen müssen also ganz besonders sauber sein. Sie werden deshalb sterilisiert.

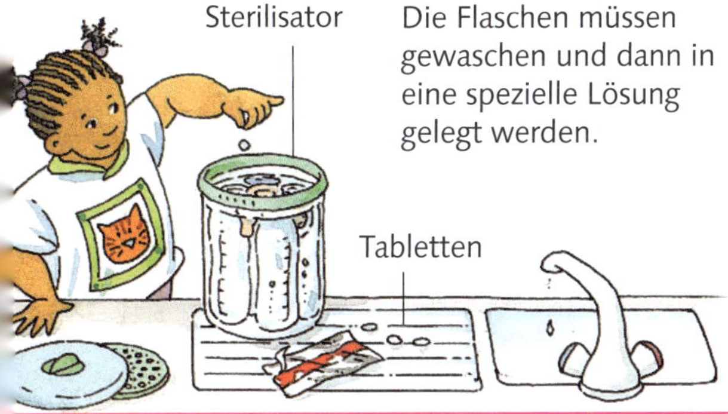

Die Flaschen müssen gewaschen und dann in eine spezielle Lösung gelegt werden.

Windeln

Ein kleines Baby braucht bis zu acht frische Windeln am Tag.

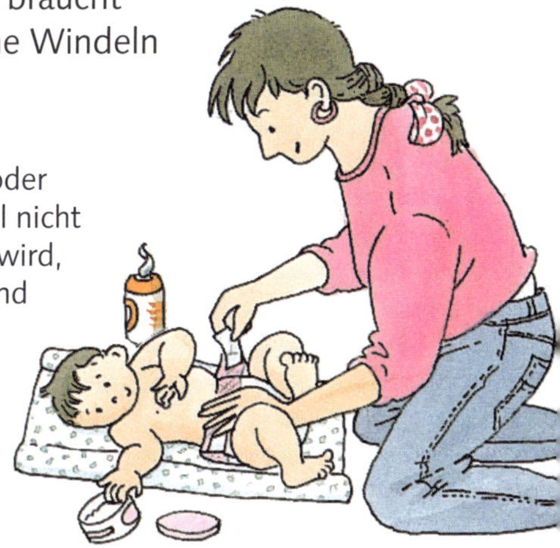

Wenn eine nasse oder schmutzige Windel nicht gleich gewechselt wird, kann das Baby wund werden.

Babys wissen noch nicht, wann sie pinkeln müssen. Sie lernen das erst, wenn sie älter sind.

Schlafen

Anfangs können Babys nicht zwischen Tag und Nacht unterscheiden.

Es kann lange dauern, bis sie die ganze Nacht durchschlafen.

Manche kleinen Babys schlafen bis zu achtzehn Stunden pro Tag. Sie wachen jedoch auch nachts immer wieder auf, um zu essen. Man weiß nicht, warum manche Babys mehr schlafen als andere.

Ein Neuankömmling

Das ist eine aufregende und schöne Zeit, bedeutet aber auch jede Menge Arbeit. Und es kann eine Weile dauern, bis man sich an ein neues Familienmitglied gewöhnt hat.

Ein Neugeborenes braucht so viel Zeit und Aufmerksamkeit, dass ältere Geschwister manchmal ein bisschen eifersüchtig sind.

Der Körper der Mutter

Es dauert einige Wochen, bis der Körper der Mutter nach der Geburt wieder ganz normal ist. Sie muss sich ausruhen. Beide Eltern sind wahrscheinlich müde, weil sie nachts oft aufstehen müssen.

Helfen

Du kannst Sachen bringen, die für das Baby gebraucht werden, und sie wieder aufräumen.

Am Anfang ist es sehr gut für die Eltern, eine Hilfe für den Haushalt zu haben. Später, wenn das Baby älter ist, kannst du helfen und ihm zum Beispiel die Flasche geben.

Weinen

Ein weinendes Baby kann man kaum ignorieren. Das ist gut für das Baby: So kümmern sich die Leute um es. Babys können aus allen möglichen Gründen weinen. Manche schreien auch mehr als andere.

Ist das Baby hungrig? Fühlt es sich nicht wohl oder hat es Schmerzen? Ist ihm zu warm oder zu kalt, ist es einsam oder müde oder langweilt es sich?

Babys können nicht warten. Sie haben noch nicht gelernt, auf andere Rücksicht zu nehmen. Wenn sie lange auf etwas wie ihr Essen warten müssen, können sie sogar krank werden.

Geschwister können sich da vernachlässigt fühlen.

Mit dem Baby spielen

Ein kleines Baby kann zwar noch nicht mit dir spielen, aber es schaut dir bald gerne zu, wenn du in seiner Nähe spielst. Wenn du dann mit ihm spielst, versuche ganz sanft und leise zu sein, damit es keine Angst bekommt. Gib ihm viel Zeit zum Reagieren und denke daran, dass sich Babys noch nicht lange konzentrieren können. Tu nie etwas, das es nicht mag.

Babys können nur in ca. 25 cm Entfernung klar sehen.

In den ersten Wochen ist das Baby vollauf damit beschäftigt, seine neue Umgebung kennen zu lernen. Aber bald freut es sich über alles, was es sehen und hören kann.

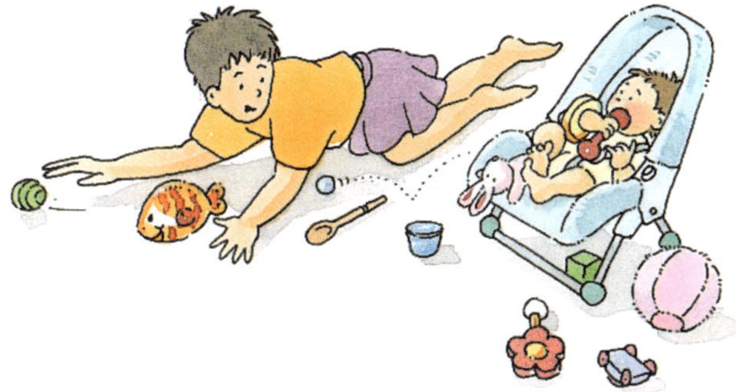

Babys lernen Dinge kennen, indem sie sie in den Mund stecken. Frage also lieber einen Erwachsenen, bevor du ihm etwas gibst.

Wenn Babys Dinge festhalten können, freuen sie sich über alle neuen Sachen, die man ihnen gibt. Sie lassen sie aber oft fallen und können sie noch nicht wieder aufheben.

Wenn das Baby erst einmal sitzen kann, kann es besser mit Spielsachen umgehen.

Wenn es krabbeln kann, kannst du ihm Dinge zurollen.

Tierbabys

Auch andere Babys werden wie Menschen von einer Mutter und einem Vater gemacht. Wenn bei Tieren Mutter und Vater zusammenkommen, damit die Geschlechtszellen aufeinander treffen können, nennt man das Paarung. Das Aufeinandertreffen der Zellen nennt man Befruchtung.

Säugetiere

Säugetiere bekommen ihre Jungen ganz ähnlich wie Menschen. Bei der Paarung schwimmen die Spermien auf die Eizellen im Körper der Mutter zu. Wenn die Spermien die Eier befruchten, wachsen die Jungen in der Gebärmutter heran. Sie kommen durch die Vagina zur Welt und trinken Muttermilch.

Die meisten Säugetiere bekommen mehrere Junge auf einmal.

Welpen bleiben neun Wochen im Bauch ihrer Mutter.

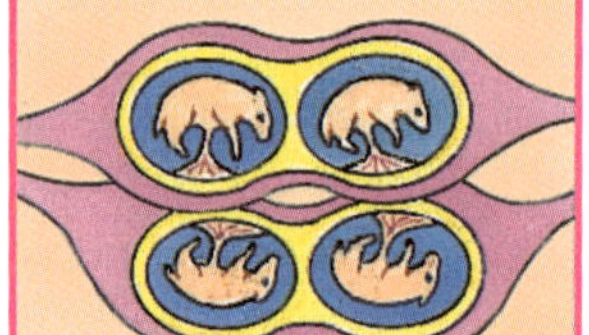

Vögel

Vogelkinder wachsen außerhalb ihrer Mutter heran. Nach der Befruchtung legt die Mutter die befruchteten Eier. Die Jungen wachsen in den Eiern heran, während die Eltern sie warm halten, indem sie darauf sitzen.

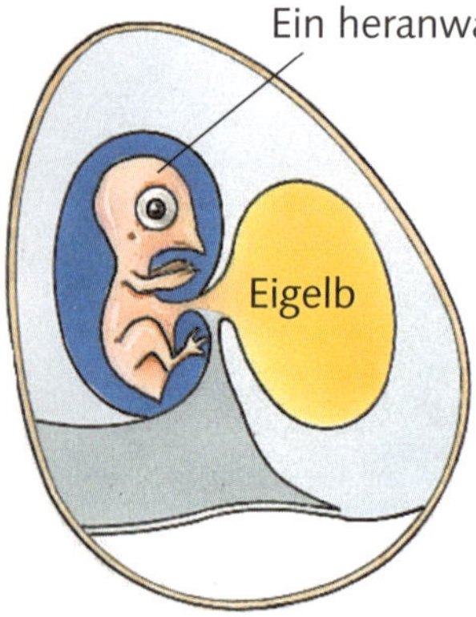

Ein heranwachsendes Huhn

Das Küken ernährt sich vom Eigelb.

Durch die Eierschale gelangt Luft hinein, die das Küken atmet.

Wenn das Küken groß genug ist, bricht es mit dem Schnabel die Eierschale auf und schlüpft.

Hühnereier, die wir essen, sind nicht befruchtet. Aus ihnen hätten keine Küken heranwachsen können.

Insekten

Insekten legen nach der Begattung und der Befruchtung Eier. Die meisten Insektenbabys sehen ihren Eltern überhaupt nicht ähnlich. Sie machen große Veränderungen durch, bevor sie ausgewachsen sind.

Eine Raupe schlüpft aus dem Ei eines Schmetterlings.

Die Raupe verpuppt sich.

Aus der Puppe wird ein Schmetterling.

Fische

Fischweibchen legen unbefruchtete Eier. Dann kommt der Vater und gibt sein Sperma darüber, damit die Jungen heranwachsen können.

Wie sieht es unter dem Boden aus?

Susan Mayes
Entwickelt von Mike Pringle
Illustrationen von Mike Pringle, Brian Edwards und John Scorey

Überarbeitet von Philippa Wingate
Mit Dank an Katarina Dragoslavić
Aus dem Englischen von Ellen Oberlies

Unter dir

Irgendwas passiert immer in der Welt unter dir.

Menschen unter der Erde

Es gibt viel Arbeit unter der Erde. Die Menschen graben und bauen dort oder sie reparieren etwas unter der Straße. Sie können sogar durch dafür gebaute Tunnels fahren.

Tiere

Viele Tiere und winzig kleine Lebewesen leben in der Erde unter deinen Füßen. Manche kommen zum Jagen oder Spielen nach oben. Andere bleiben immer unter der Erdoberfläche.

Pflanzen

Pflanzen dringen mit ihren Wurzeln in die Erde ein. Sie bekommen ihre Nährstoffe und Wasser von dort, damit sie wachsen können.

Vor langer Zeit

Die Skelette von riesigen Lebewesen sind im Erdboden gefunden worden. Sie starben dort vor vielen Millionen Jahren.

In manchen Ländern sind Skelette von Dinosauriern ausgegraben worden. Daher wissen wir, dass sie vor langer Zeit auf der Erde lebten.

Dinge aus der Erde

Euer Haus ist vielleicht aus Material gebaut worden, das aus der Erde kommt. Und so ist es mit vielen anderen Dingen auch.

Es gibt viele versteckte Schätze unter der Erde. In diesem Kapitel lernst du sie kennen.

Unter der Straße

Rohre, Tunnel und Kabel werden unter der Straße verlegt, damit sie aus dem Weg sind. Meist kann man sie gar nicht sehen, aber es gibt Hinweise, die sie verraten.

Ein Schild mit Zahlen darauf zeigt an, wo eine große Wasser-, Strom- oder Gasleitung unter der Erde verläuft.

Regenwasser läuft durch diesen Gully. Es gelangt in Rohre, die es ableiten.

Wasserrohre

Trinkwasser, das du benutzt, wird durch diese Hauptleitungen gepumpt.

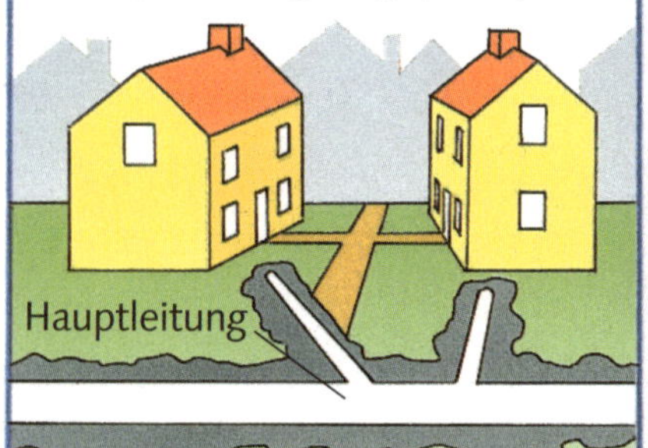

Eine weitere Leitung zweigt von der Hauptleitung ab und bringt das Wasser zu dir nach Hause.

Abflussrohre und Abwasserleitungen

Durch den Abfluss wird Abwasser von deinem Haus weggeleitet.

Dann verschwindet das Abwasser in großen Schmutzwasserrohren.

Regenwasser

Regenwasser fließt durch einen Gully in einen Kanal unter der Straße.

Das Wasser wird in ein Rohr geleitet. So landet es im Überlaufbecken.

Die meisten Telefongespräche gehen durch unterirdische Kabel.

Wenn die Straße aufgerissen wird, kann man oft Elektrokabel oder Gasleitungen sehen.

Wusstest du das?

Viele Telefonleitungen haben dünne Glasfasern. Dein Gespräch wird über sie gesendet.

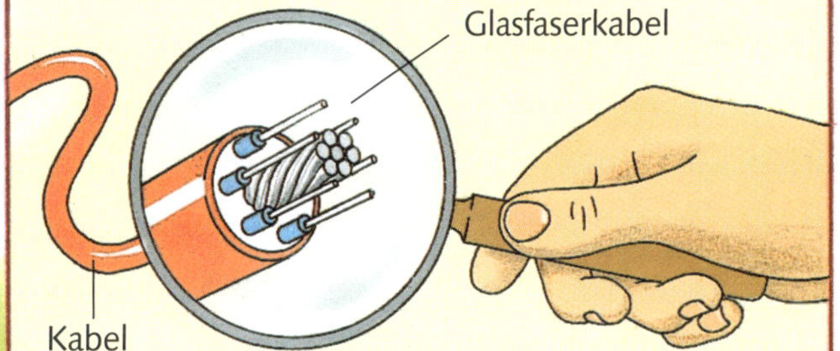

Jede Glasfaser in dem Kabel ist so dick wie ein Haar. Es kann tausende Telefongespräche auf einmal weiterleiten.

Unterirdische Elektrik

Elektrokabel führen den Strom in Häuser, Schulen, Fabriken, Krankenhäuser und Geschäfte. Sie verlaufen oft unterirdisch.

Zuerst werden tiefe Gräben ausgehoben. Rohre werden verlegt und wieder mit Erde bedeckt.

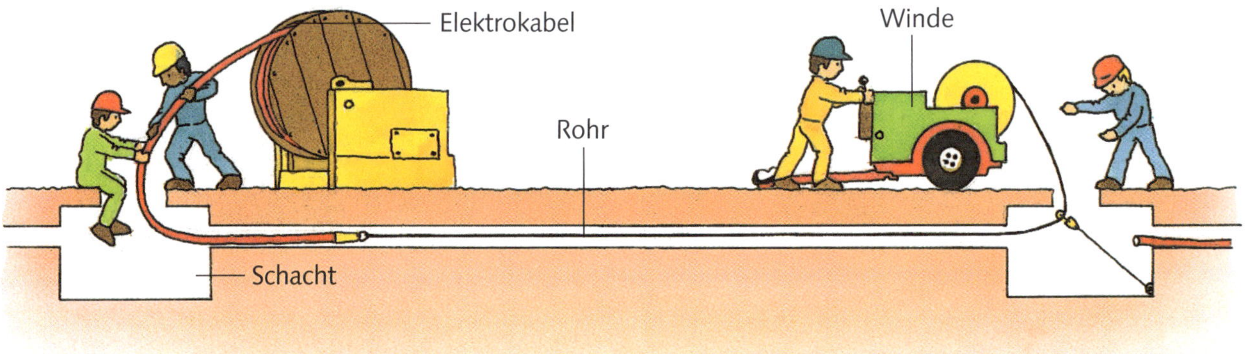

Das Elektrokabel ist auf einer riesigen Kabeltrommel. Ein Ende wird durch einen Schacht in die Röhre gesteckt.

Vom nächsten Schacht aus wird das Kabel mit einer Winde durchgezogen. Das Ende wird mit dem Kabel eines weiteren Rohres verbunden.

Tunnel

Viele Großstädte haben U-Bahnen. Tausende nutzen sie, um schnell und einfach von einem Ort zum anderen zu gelangen.

Tunnelbau

Die erste U-Bahn der Welt wurde 1863 in London gebaut.

Ein riesiger Graben wurde ausgehoben, die Schienen darin verlegt und ein gewölbtes Dach darüber gebaut. Dann wurde die Straße oben wieder neu gebaut.

Inzwischen werden Tunnel viel tiefer in der Erde gebaut. Maschinen können Löcher unter Gebäuden und Flüssen bohren.

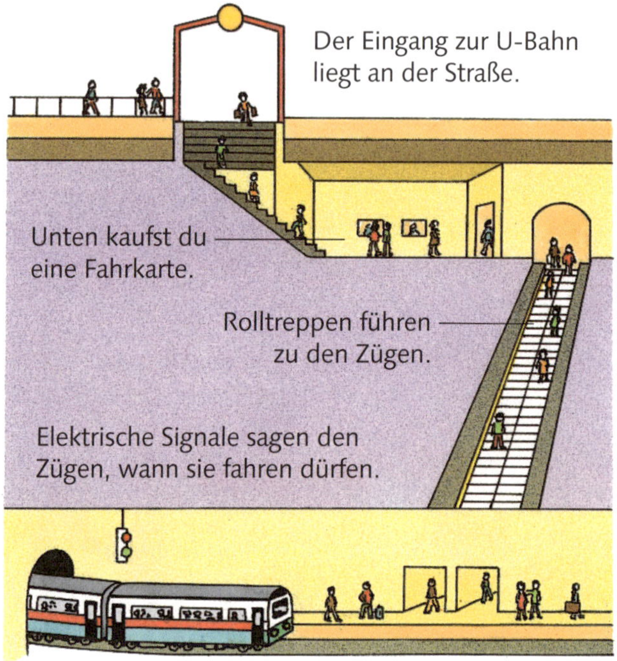

Wusstest du das?

In manchen Ländern werden Straßentunnel durch Berge gebaut. Der längste der Welt befindet sich in Norwegen.

Der Laerdaltunnel ist über 24 km lang.

Der Eurotunnel

Der Tunnel unter dem Ärmelkanal hat drei Röhren. Sie verbinden unter dem Meer Großbritannien und Frankreich.
Züge transportieren die Leute durch zwei der Tunnelröhren. Sie dürfen nicht schneller als 160 km/h fahren.

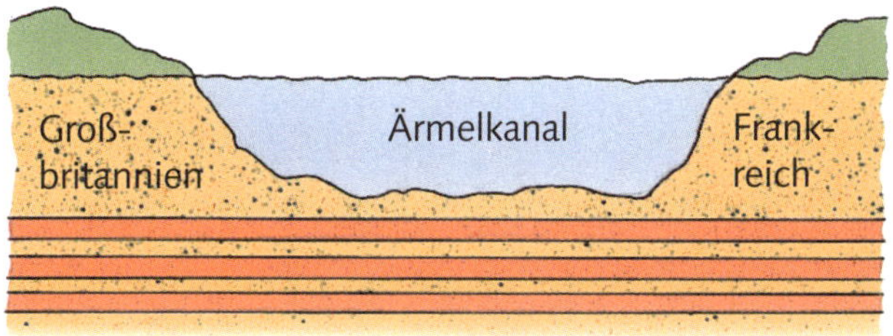

Von beiden Ländern aus wurde der Tunnel durch den harten Kreidefels gebohrt. Er wurde 1994 eröffnet.

Die Befestigung eines Tunnels

Wenn ein Tunnel gebaut wird, wird er mit großen Betonplatten verkleidet. Sie passen genau ineinander, machen den Tunnel stabil und schützen ihn vor Nässe.

Die mittlere Röhre wird Servicetunnel genannt. Durch ihn fahren Arbeiter, wenn sie Reparaturen ausführen.

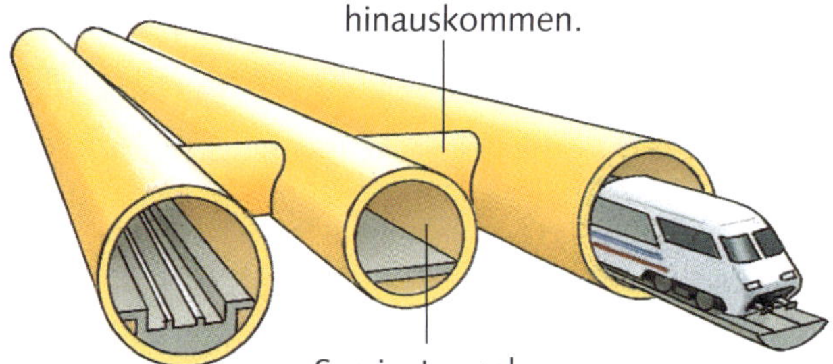

Ein Tunnel wird gebaut

An den Tunnelwänden sind elektrische Leitungen angebracht. Sie stellen Strom für Licht und Maschinen bereit. Die Bauarbeiter setzen beim Tunnelbau Lastwagen und Bagger ein.

Unter deinem Zuhause

Manche Gebäude haben Räume, die unter der Erde liegen. Ein paar Gebäude werden sogar ganz unter die Erde gebaut. Aber fast alle Gebäude haben ein Fundament im Boden.

Die Fundamente

Bei einem Haus werden zuerst einmal die Fundamente gebaut. Sie liegen im Boden und das Haus wird dann obendrauf gebaut. Sie verhindern, dass das Haus im Boden versinkt.

Unter Straßen und Stegen

Unter Straßen verlegt man stabile Schichten aus Steinen.

Ein Steg steht auf Stützen aus Eisen und Beton. Sie werden in den Sand versenkt.

Unter einem Wolkenkratzer

Ein Wolkenkratzer ist ein sehr hohes Gebäude. Es ist so schwer, dass es spezielle, besonders stabile Fundamente benötigt.

Für das Fundament werden tiefe Löcher in den Boden gebohrt. In die Löcher kommen dann Stahlträger und Beton.

Eine Stadt auf Stelzen

Venedig in Italien wurde über einer Lagune (abgetrennter, flacher Meeresteil) gebaut.

Holzpfosten wurden in den schlammigen Untergrund der Lagune gerammt. Auf die Pfosten kamen Holz und Steine. Die Stadt wurde dann darauf gebaut.

Keller

Manche Gebäude haben Räume, die unterhalb der Straße liegen. Man nennt sie Keller.

Im Keller bewahrt man Dinge auf, die kühl lagern sollen.

Unterirdische Wohnungen

In einer bestimmten Gegend in Tunesien bauen die Menschen ihre Häuser unter der Erde.

Sie suchen sich tiefe Senken und bauen ihre Räume in die Wände der Senke. So bleibt es auch während der Hitze tagsüber schön kühl.

In kalten Winternächten bleiben die Räume warm.

Löcher und Gänge

Viele Tiere graben Gänge in die Erde und legen dort ihr Nest an. So haben sie sichere Verstecke. Ihre Wohnungen haben unterschiedliche Namen.

Dachse haben einen Bau. Dort schlafen sie tagsüber und kommen nachts hervor.

Kaninchen leben in einem weit verzweigten Bau, in dem die Nester durch Gänge miteinander verbunden sind.

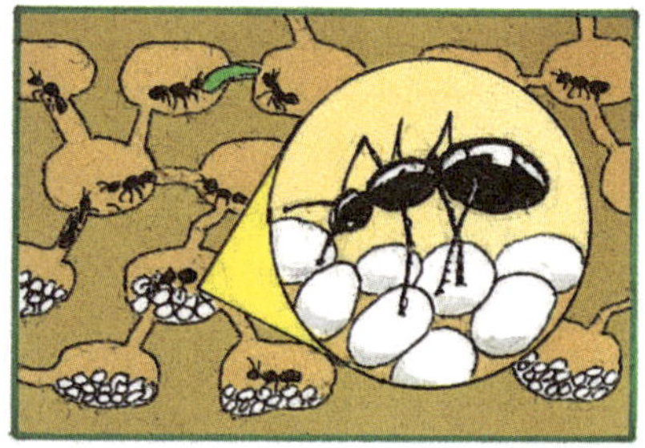

Die Wohnung von Ameisen nennt man Nest. Es besteht aus Räumen und Gängen.

Zum Graben geschaffen

Manche Tiere haben Körper, die zum Graben sehr gut geeignet sind.

Kaninchen benutzen ihre Vorderpfoten, um zu graben. Sie schieben die Erde mit ihren Hinterbeinen zur Seite.

Maulwürfe leben im Dunkeln und sind fast blind. Sie haben starke Vorderpfoten und können mit ihren schaufelartigen Krallen sehr gut graben.

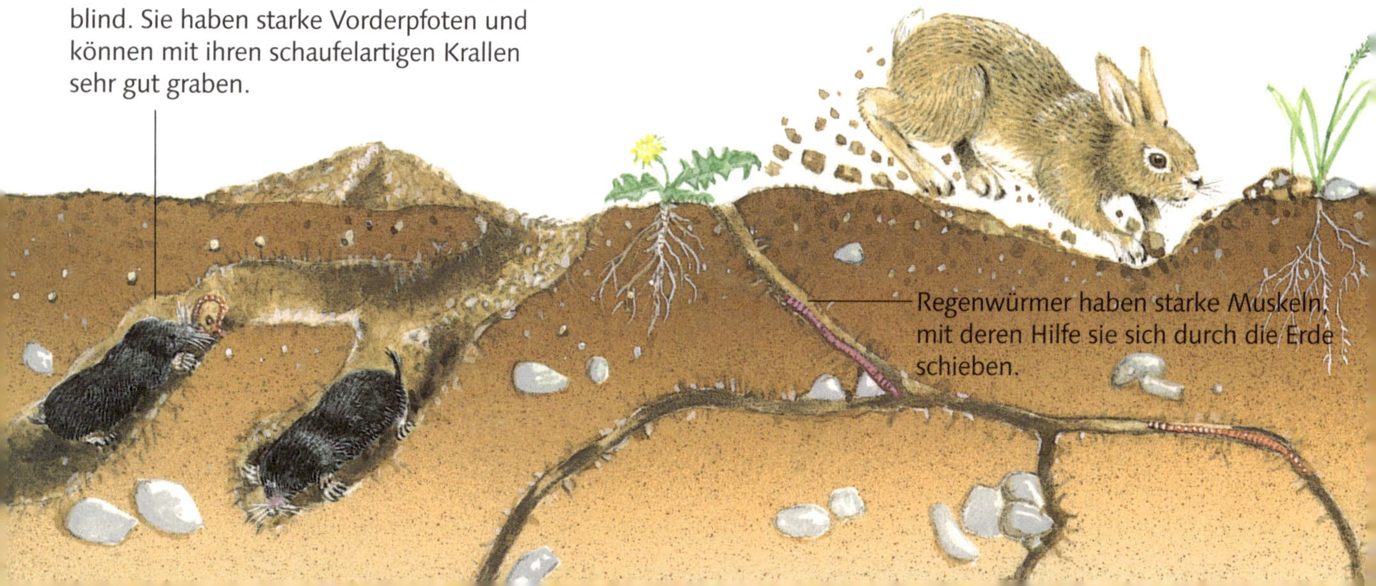

Leben in heißen Regionen

In der Wüste ist es heiß und trocken. Die meisten kleineren Wüstentiere verbringen den Tag in Höhlen. Sie kommen nachts heraus, wenn es kühler ist.

Der Wüstenfuchs jagt nachts und ruht sich tagsüber in seiner Höhle aus.

Die Wüstenrennmaus kommt heraus und sucht nach Gräsern und Samen.

Feucht bleiben

In der australischen Wüste verschläft ein Frosch fast das gesamte Jahr in seiner Höhle.

Eine ganz spezielle Haut hält ihn feucht.

Er kommt nur heraus, wenn es zu regnen beginnt.

Leben in kalten Regionen

Selbst in den kältesten Regionen der Erde gibt es Tiere. Viele von ihnen können dort überleben, indem sie auf Vorrat fressen und dann den ganzen Winter über schlafen. Das nennt man Winterschlaf.

Erdhörnchen halten den längsten Winterschlaf überhaupt. Sie schlafen neun Monate lang.

Murmeltierfamilien überwintern in ihren warmen Bauten. Sie machen Nester aus Gras und verschließen den Eingang.

Was findet man im Boden?

Boden besteht in Wirklichkeit aus vielen Schichten mit Steinen, Sand und Ton. Sie kommen von den Felsen, die von Wasser und Wind zermahlen wurden. Das dauert viele Millionen Jahre.

Ohne Humus würde überhaupt nichts wachsen. Er entsteht aus toten Pflanzenteilen und Tieren, die verrottet sind. Die Erde an der Oberfläche enthält ganz viel Humus.

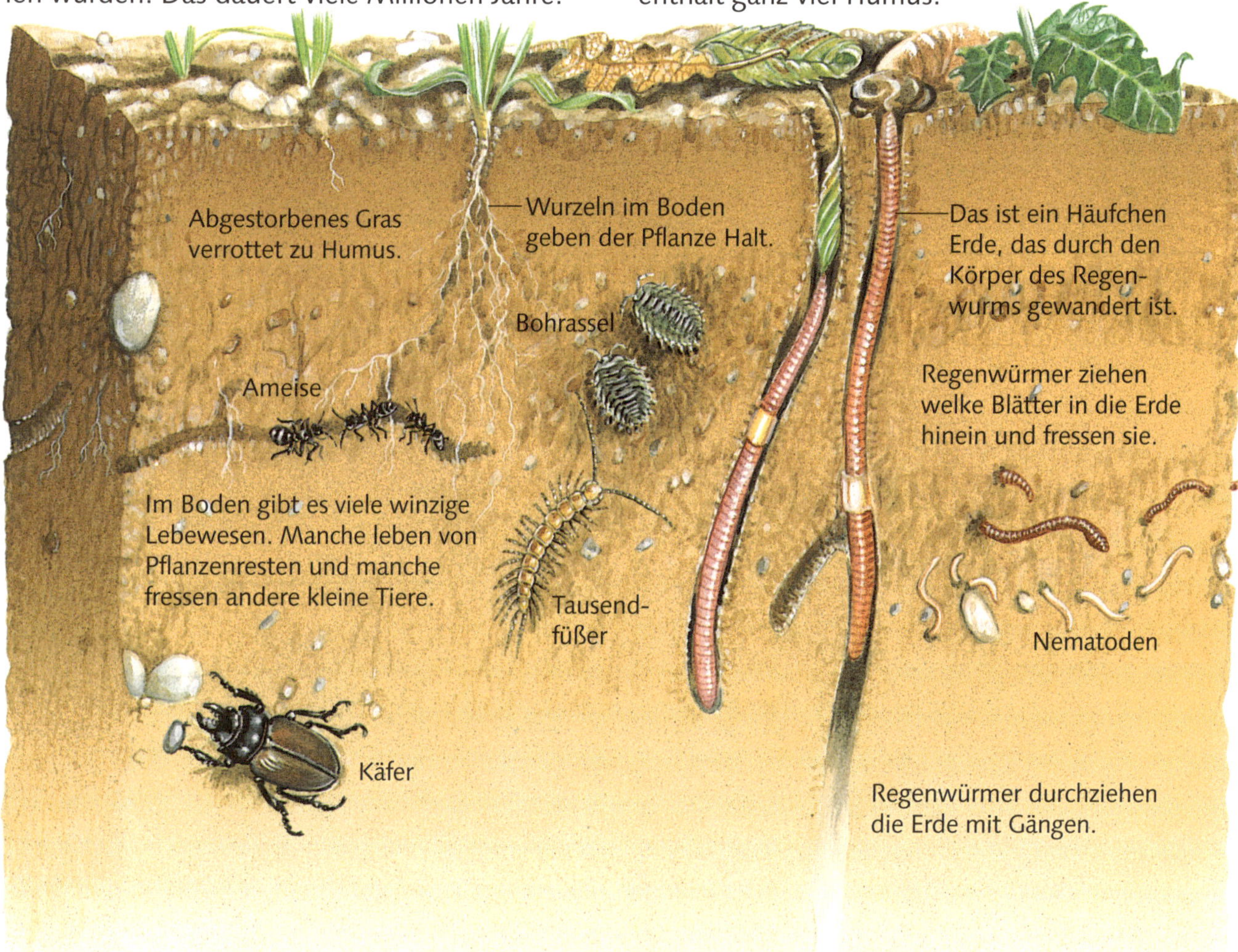

Humus wird zu Mineralien umgewandelt. Alle Lebewesen brauchen Mineralien, z. B. Kalzium, damit sie wachsen. Mineralien geben auch Stoffe an Pflanzen ab, die sie zum Wachsen brauchen.

Regenwürmer helfen, den Humus mit Mineralstoffen zu mischen. Pflanzen brauchen außerdem Wasser und Luft. Die gelangen durch die Gänge der Regenwürmer in den Boden.

Ein Versuch

Fülle ein großes Glas mit Schichten aus Sand und Erde. Feuchte sie an und lege ein paar Blätter obendrauf.

Bedecke das Glas mit einem Tuch.

Setze einige Würmer in das Glas und decke es nun ab, damit es dunkel ist. Die Würmer werden nun beginnen sich hindurchzugraben. Nach einigen Tagen sind die Erd- und Sandschichten vermischt.

Trockene und feuchte Erde

Sandige Erde ist trocken, weil das Wasser durch sie hindurchsickert. Wüstenpflanzen wachsen gut in ihr.

In Erde mit viel Ton würden sie nicht so gut wachsen. Tonerde speichert Wasser gut. Sie ist nass und klebrig.

Essen unter der Erde

Wenn du im Garten jedes Jahr dieselben Pflanzen an dieselbe Stelle pflanzt, werden die Mineralien, welche die Pflanzen benötigen, verbraucht.

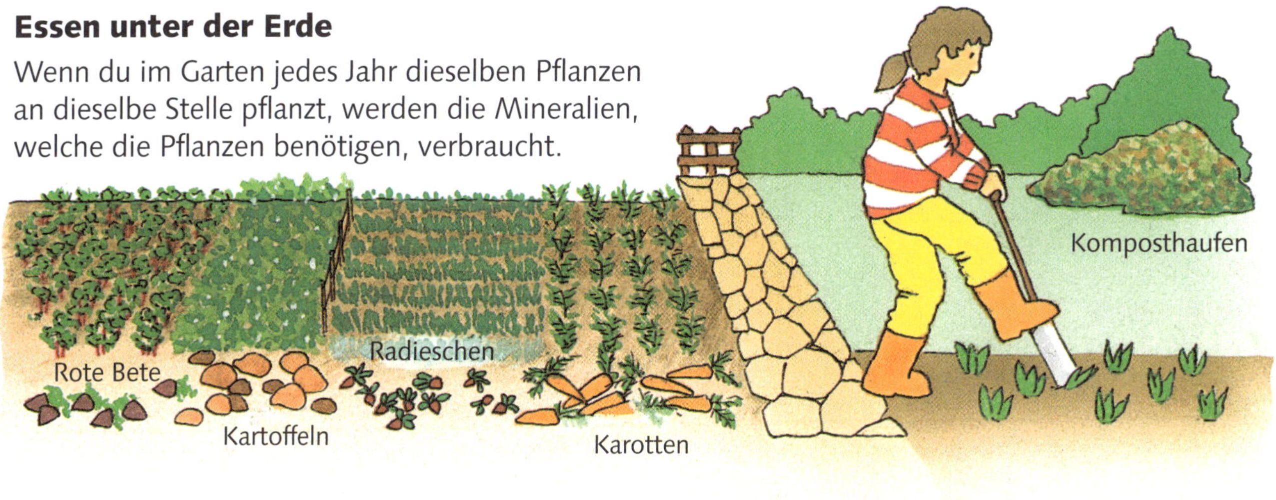

Viele Gärtner graben Kompost unter, damit die Erde wieder Nährstoffe erhält. Kompost besteht aus verrotteten Pflanzen. Gemüse wächst gut in dunkler, nährstoffreicher Erde.

Die hier abgebildeten Pflanzen nennt man Wurzelgemüse. Das bedeutet, dass der Teil, der gegessen wird, unter der Erde wächst.

Alles über Fossilien

Fossilien sind die Überbleibsel von Tieren und Pflanzen, die vor Millionen Jahren gelebt haben. Dieses Bild zeigt ein Tier, das starb und auf den Meeresboden sank. Die weichen Teile des Körpers sind verrottet, doch die Knochen blieben.

1. Die Knochen wurden von Sand und winzigen Körnern, die man Sediment nennt, bedeckt. Das Sediment wurde zu hartem Fels und die Knochen waren darin gefangen.

2. Nach und nach verwandelten die Mineralien im Sediment die Knochen in Stein. Diese Fossilien (Versteinerungen) waren Millionen Jahre unter dem Fels versteckt, bevor man sie entdeckte.

Was sagen uns Fossilien?

Die Fossilien in diesem Bild halfen den Wissenschaftlern, eine Vorstellung davon zu bekommen, wie die ersten Lebewesen aussahen.

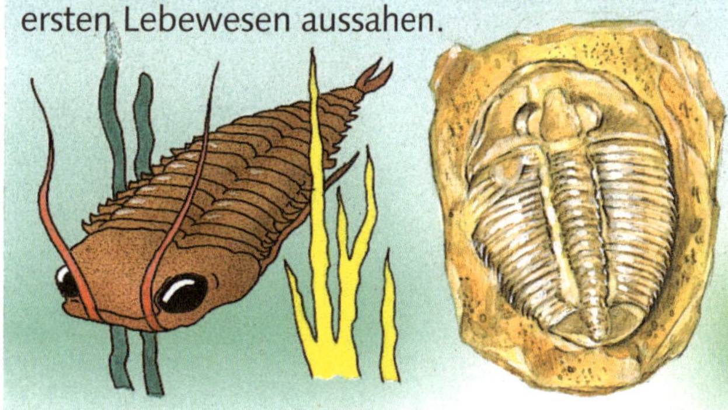

Fossil eines Trilobiten

Die ersten Lebewesen waren im Wasser. Trilobiten waren kleine Krebstiere, die einen harten Körper hatten.

Später beherrschten Dinosaurier die Erde. Der Stegosaurus hatte Knochenplatten auf dem Rücken. Einige der Platten waren bis zu einem Meter hoch.

Pflanzen aus der Urzeit

Dieses wunderschöne Pflanzenfossil ist mehr als 50 Millionen Jahre alt.

In manchen Sedimentarten wurden Pflanzenformen bewahrt. Es gibt viele Versteinerungen von den ersten Pflanzen.

Fossilien suchen

Fossilienjäger finden normalerweise keine großen Dinosaurier. Aber sie finden viele andere Dinge.

Dieser Spezialhammer hilft dir, das Fossil herauszuholen.

Felsstrände sind ein guter Ort, um nach Fossilien zu suchen. Oft wird Gestein weggespült und das Fossil kommt zum Vorschein.

Millionen Jahre später gab es Tiere, die unseren heutigen recht ähnlich sind. Das hier sah aus wie ein Nashorn.

Die ersten Menschen lebten vor ungefähr vier Millionen Jahren. Die ältesten menschlichen Fossilien fand man in Afrika.

In einer Höhle

Eine Höhle ist ein unterirdischer Raum. Er wird vom Regenwasser in den Fels gespült. Höhlen sind oft im Sandstein, der sich leicht ausspülen lässt.

Wasser tropft von der Decke. Es lässt Mineralien zurück. Ganz allmählich formen sich Zapfen, die man Stalaktiten nennt.

Mineralhaltige Wassertropfen, die auf den Boden treffen, bilden Felstürme. Man nennt sie Stalagmiten.

Ein unterirdischer Fluss fließt durch diese Höhle.

Das Wasser tropft in die Löcher hinein und wandert so durch den Fels. Dadurch wird das Loch immer größer. Eine Höhle ist ein riesiges Loch, das so entstanden ist.

Wer lebt in der Höhle?

Die meisten Tiere, die man am Höhleneingang findet, leben auch außerhalb der Höhle. Schwalben fliegen rein und raus.

Weiter drinnen ist es dunkler. Außerdem ist es feucht und kalt. Hier leben Fledermäuse, die nachts herauskommen, um zu jagen.

Tief im Innern der Höhle ist es immer dunkel. Glühwürmchen können hier leben. Sie machen ihr eigenes, helles Licht.

Eine versteckte Höhle

Manchmal ist der Eingang einer Höhle verborgen. 1940 entdeckten zwei Jungen eine bislang unbekannte Höhle.

Sie gingen mit ihrem Hund in der Nähe von Lascaux in Frankreich spazieren. Sie entdeckten die Höhle, als ihr Hund in den Eingang fiel, der von Büschen verborgen war.

Höhlenmalerei

Die Höhle von Lascaux hat Bilder an der Decke und den Wänden. Sie wurden vor vielen tausend Jahren von Höhlenmenschen gemalt.

Die Höhlenmenschen produzierten ihre eigenen Farben und Werkzeuge. Sie malten Bullen und Kühe, Rehe, Bisons und Pferde. Das waren die Tiere, die sie jagten.

Versuch

Du kannst mit Werkzeug und Farbe, die du selbst gemacht oder gefunden hast, ein Bild malen. Du brauchst:

Du kannst auch aus Lebensmittelfarbe und einigen Tropfen Wasser Farbe herstellen.

Vermische die Erde mit einigen Tropfen Wasser. Höhlenmenschen benutzten Erde als Farbe. Sie hatten rote, gelbe, braune, schwarze und weiße Erde.

Tauche den Stock in die Farbe und versuche auf dem Blatt zu malen. Du musst ihn wahrscheinlich recht oft eintauchen.

Nützliches unter der Erdoberfläche

Tief unter der Erdoberfläche wird nach Dingen gegraben und gebohrt. Kohle und Öl ermöglichen die Produktion von Elektrizität, aber sie werden auch für viele andere Dinge gebraucht.

Kohle

Die Kohle wird mit dieser Maschine aus dem Flöz gebrochen.

Kohle ist aus verrotteten Pflanzen und Bäumen entstanden. Sie begann sich vor Millionen Jahren zu bilden. Um Steinkohle zu fördern, müssen die Menschen in Minen arbeiten.

Dinge aus Kohle

Kohle kann so verarbeitet werden, dass viele Sachen daraus entstehen, die du benutzt. Hier sind einige abgebildet.

Öl

Manche Ölplattformen bohren im Felsgestein unter dem Meer nach Öl.

Öl entwickelte sich aus winzig kleinen Meerestieren. Sie verfingen sich im Schlamm, der zu Felsgestein wurde. Nach und nach verwandelten sie sich in Öl und Gas. Bohrtürme bohren bis zum Öl hinab.

Sachen aus Öl

Wenn Öl auf die richtige Temperatur erhitzt wird, kann man daraus die Sachen machen, die du oben siehst.

Baumaterialien

Seit vielen tausend Jahren werden Häuser aus verschiedenen Arten Gestein gebaut. Die Steine werden aus Steinbrüchen geholt.

Beton wird aus Kies, Sand und Zement zusammen mit Wasser gemischt. Wenn er ausgehärtet ist, ergibt sich ein sehr stabiles Baumaterial.

Metall aus dem Boden

Metall wird aus Felsgestein gewonnen. In eurer Küche gibt es viele Dinge aus Metall.

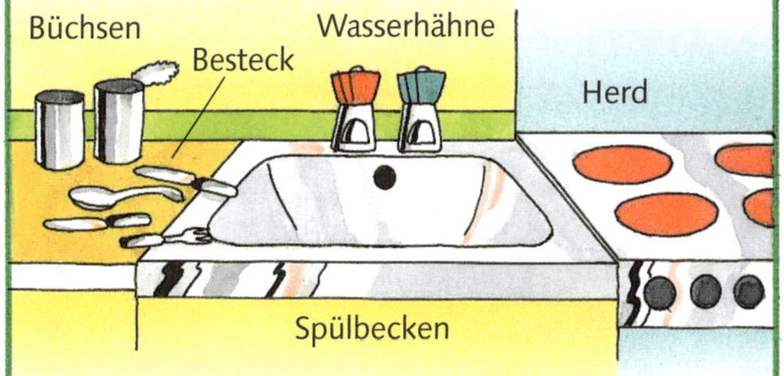

Gestein, das Metall enthält, wird Erz genannt. Erz wird in einem Spezialofen erhitzt. Das Metall wird flüssig und kann nun genutzt werden.

Wusstest du das?

Edelsteine entstehen unter hohem Druck und hoher Hitze weit unter der Erdoberfläche. Mineralien ganz tief unten werden zu Kristall.

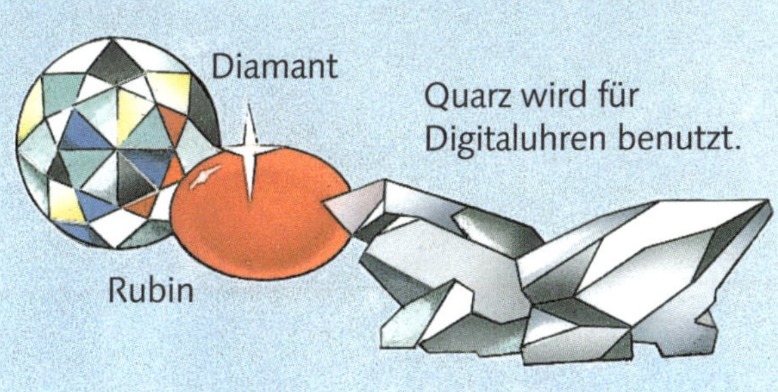

Diese Kristalle sind rau, wenn sie aus der Erde kommen. Sie werden geschliffen und poliert, bevor man sie als Schmuck benutzt.

Was ist im Erdinnern?

Die Erde ist wie eine Kugel mit einer harten, felsigen Kruste. Manche Stellen an der Kruste sind dünn und dort gibt es oft Bewegungen und Risse.

Unter der Erdkruste befindet sich der Mantel. Er besteht aus heißem, weichem Gestein, das ständig in Bewegung ist.

Der Mittelpunkt der Erde wird Erdkern genannt. Außen besteht der Erdkern aus heißem, flüssigem Metall. Innen ist hartes Metall. Das ist der heißeste Teil.

Manchmal bewegt sich das Innere der Erde so sehr, dass außen, wo wir leben, erstaunliche Dinge geschehen.

Vulkane

Ein Vulkan entsteht, wenn heißes, flüssiges Gestein vom Innern der Erde nach oben geschoben wird.

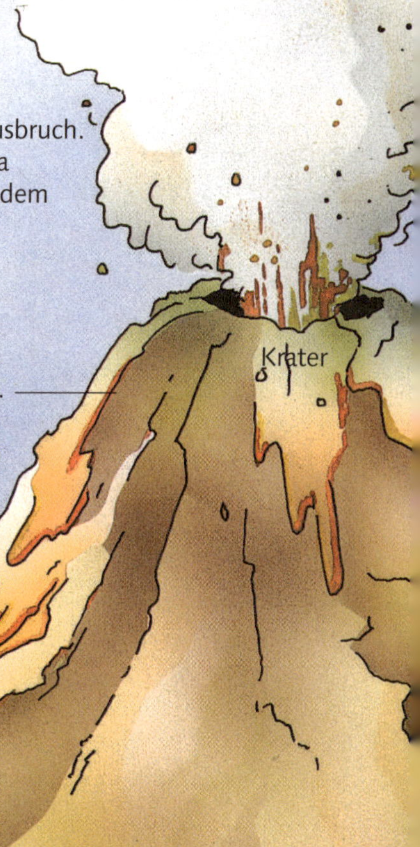

Das ist ein Vulkanausbruch. Heißes Gestein, Lava genannt, bricht aus dem Vulkan hervor.

Diese Lava wird abkühlen und eine neue Schicht bilden. Der Vulkan wird bei jedem Ausbruch größer.

Manche kegelförmigen Berge sind ehemalige Vulkane. Sie sind erloschen. Das bedeutet, dass sie nicht mehr ausbrechen können.

Bebende Erde

Wenn sich die Erdoberfläche heftig bewegt, nennt man das ein Erdbeben.

Es gibt Messgeräte, die anzeigen, wenn es bald ein Erdbeben gibt.

In Ländern mit häufigen Erdbeben müssen Gebäude so gebaut werden, dass sie nicht einstürzen.

Wusstest du das?

In einigen Ländern sprudeln Fontänen mit heißem Wasser aus der Erde. Man nennt sie Geysire. Das Wasser wird von heißen Steinen in der Erdkruste erwärmt.

Aus diesem amerikanischen Geysir steigt ungefähr jede Stunde eine Wasserfontäne auf.

In manchen Ländern wird unterirdische Wärme zur Erzeugung von Strom genutzt.

Begrabene Schätze

Der Vesuv ist ein Vulkan in der Nähe von Neapel in Italien. Er brach zum ersten Mal zur Zeit der Römer vor fast zweitausend Jahren aus.

Dies sind römische Kostbarkeiten.

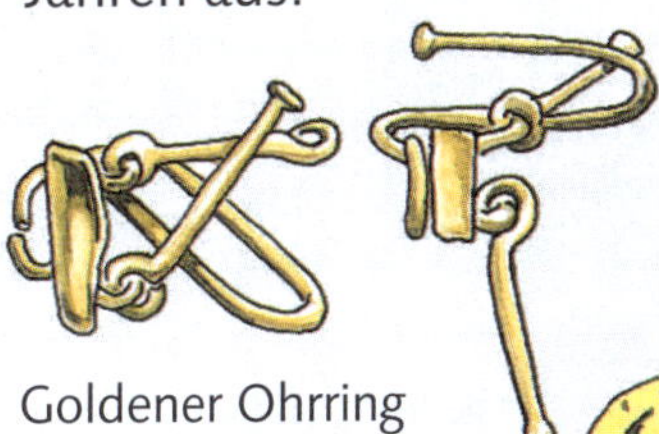

Goldener Ohrring

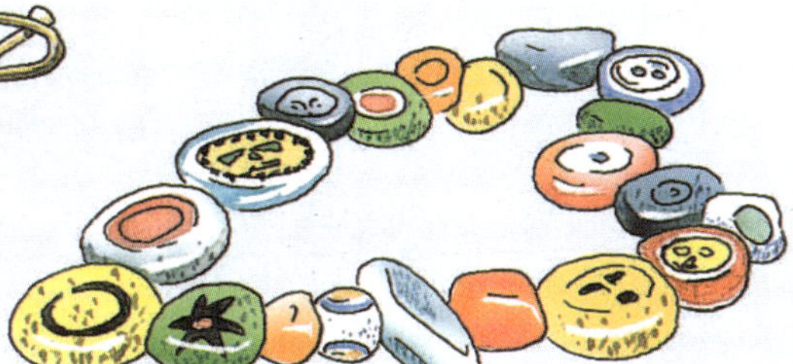

Kette mit Perlen und Steinen

Goldener Armreif

Die Städte Pompeji und Herculaneum wurden unter Schlamm und Asche begraben. Durch Zufall entdeckte man sie vor ungefähr 300 Jahren wieder. Viele wundervolle Schätze wurden vorsichtig wieder ausgegraben.

Erstaunliches

Auf dieser Seite kannst du die erstaunlichsten Dinge über die Welt da unten erfahren.

Der längste Tunnel

Der längste Tunnel der Welt ist fast 169 km lang. Er transportiert Wasser nach New York City in den USA.

Er ist etwas über 4 m hoch. Das ist ungefähr so hoch wie zwei große Menschen.

Der erste Vogel

Eine Versteinerung des ersten Vogels, der je gelebt hat, wurde 1861 in Deutschland ausgegraben. Der Vogel wurde Archäopteryx genannt. Er lebte vor über 150 Mio. Jahren. Man kann sogar noch die Federn an den Flügeln und am Körper erkennen.

In die Tiefe

Ein Mann ist fast 4 km in eine Mine in Südafrika hinabgestiegen. Das ist die größte Tiefe, die je jemand betreten hat.

Die größte Höhle

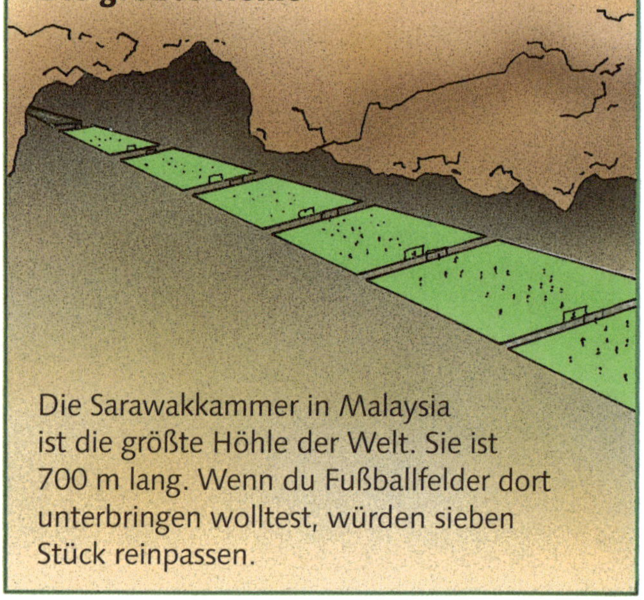

Die Sarawakkammer in Malaysia ist die größte Höhle der Welt. Sie ist 700 m lang. Wenn du Fußballfelder dort unterbringen wolltest, würden sieben Stück reinpassen.

Unter Wasser

Sophy Tahta
Entwickelt von Sharon Bennet
Illustrationen von Stuart Trotter

Überarbeitet von Philippa Wingate
Mit Dank an Katarina Dragoslavić
Beratung: Sheila Anderson
Aus dem Englischen von Ellen Oberlies

Unter Wasser

Unter Wasser liegt eine wunderbare Welt mit seltsamen Lebewesen, Korallenriffen, versteckten Wracks und vergrabenen Pipelines.

In unterschiedlichen Bereichen des Meeres passieren unterschiedliche Dinge.

Die Oberfläche wird von der Sonne erhellt. Hier leben die meisten Pflanzen und Tiere.

Menschen erforschen das Meer mit speziellen Tauchanzügen und Unterwassergeräten.

Der tiefste Teil des Meeres ist kalt und dunkel. Man spricht von Tiefsee.

In der Tiefe und auf dem Meeresboden leben seltsam aussehende Fische und andere Tiere.

Der Meeresboden hat weite Ebenen, hohe Berge und tiefe Gräben.

Viele Tiere im Meer leben im flachen Wasser in der Nähe des Ufers. Die Menschen fischen hier und bohren nach Öl.

Flüsse und Regenwasser waschen Salz und Mineralien ins Meer.

Der Meeresboden steigt zum Ufer hin steil an. Dieser Teil heißt Kontinentalschelf.

Die Nahrungskette des Meeres

Alle Meerestiere sind voneinander abhängig. Kleine Tiere werden von größeren gefressen. Diese wiederum werden von noch größeren gefressen. Das nennt man die Nahrungskette des Meeres. Sie beginnt mit Millionen kleiner Pflanzen und Tiere. Sie heißen pflanzliches und tierisches Plankton.

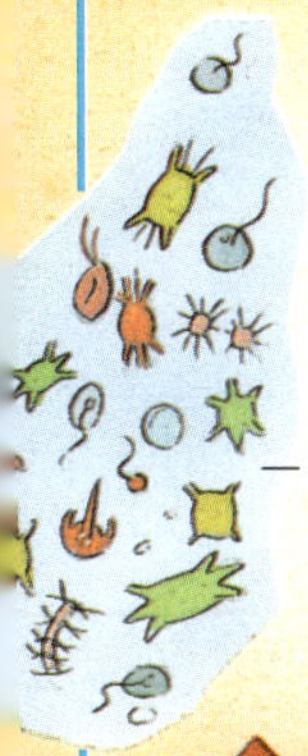

Pflanzliches Plankton schwimmt an der Oberfläche. Es benötigt Sonnenlicht und die Mineralien im Wasser als Nahrung.

Tierisches Plankton lebt von pflanzlichem Plankton. Ein Teil von ihm sind die Nachkommen größerer Tiere.

Kleine Fische fressen tierisches Plankton. Sie selbst werden wieder von größeren Fischen gefressen.

Meere der Welt

Über zwei Drittel der Erdoberfläche sind mit Wasser bedeckt. Die unterschiedlichen Teile haben bestimmte Namen und die größten Meere werden Ozeane genannt. Alle Meere und Ozeane der Welt sind miteinander verbunden.

Die wärmsten Meere liegen in der Nähe des Äquators, einer gedachten Linie um die Mitte der Erde.

Die kältesten Meere liegen am Nord- und am Südpol, weit weg vom Äquator.

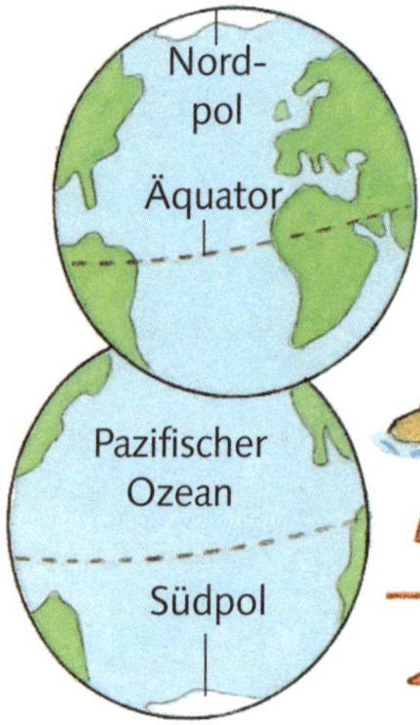

Rote Pfeile zeigen warme Strömungen an. Sie bringen das warme Wasser vom Äquator in kältere Gebiete.

Der größte Ozean ist der Pazifik. Er bedeckt etwa ein Drittel der Erdoberfläche.

Blaue Pfeile zeigen kalte Strömungen an. Sie bringen das kalte Wasser von den Polen in wärmere Gebiete.

Strömungen

Unter der Meeresoberfläche bewegt sich das Wasser in Flüssen, die man Strömungen nennt. Warme Strömungen fließen nahe der Oberfläche, kalte sind weiter unten, weil warmes Wasser weniger dicht ist und nach oben strömt.

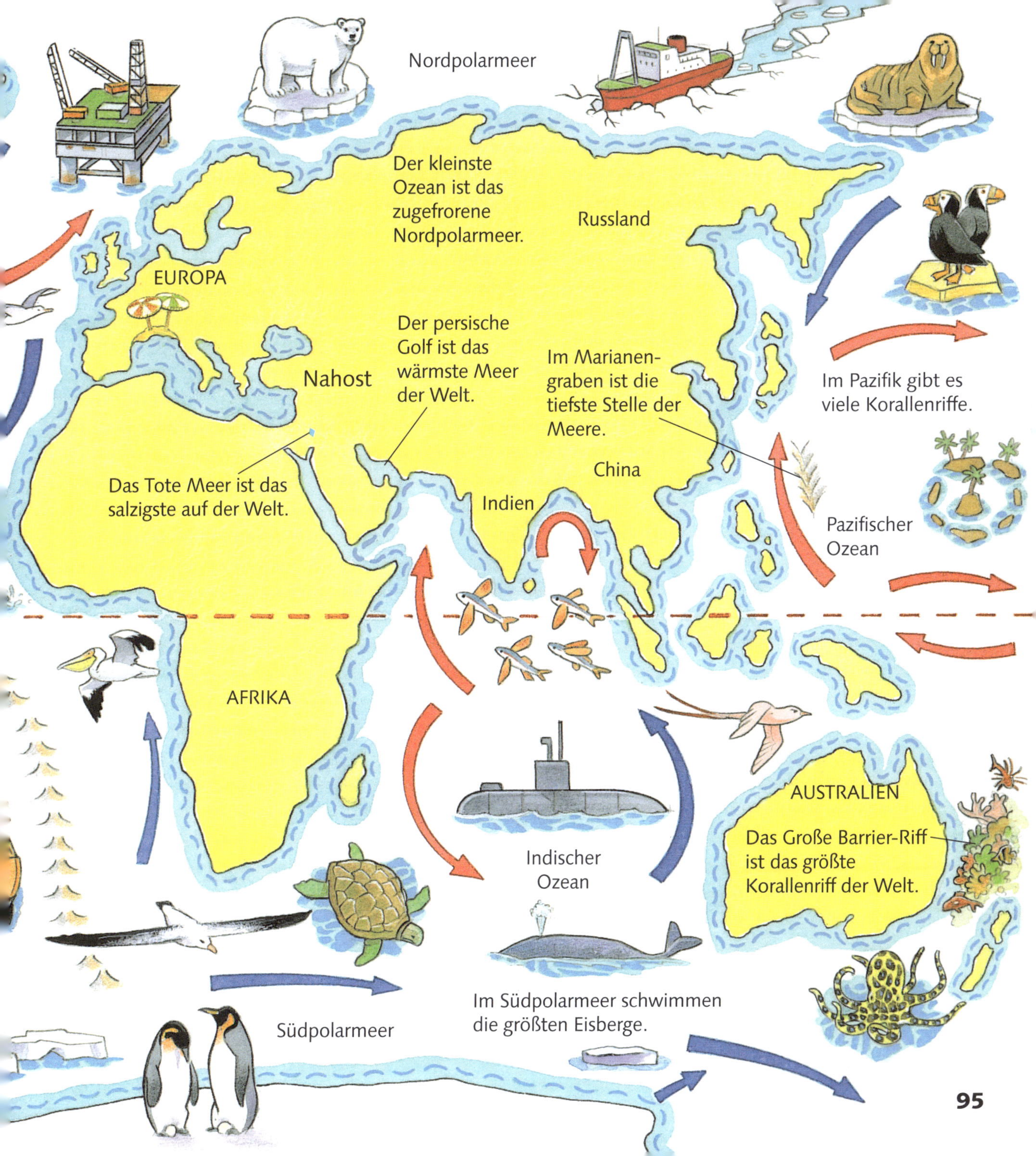

Nordpolarmeer
Der kleinste Ozean ist das zugefrorene Nordpolarmeer.
Russland
EUROPA
Der persische Golf ist das wärmste Meer der Welt.
Nahost
Im Marianengraben ist die tiefste Stelle der Meere.
Im Pazifik gibt es viele Korallenriffe.
China
Das Tote Meer ist das salzigste auf der Welt.
Indien
Pazifischer Ozean
AFRIKA
AUSTRALIEN
Das Große Barrier-Riff ist das größte Korallenriff der Welt.
Indischer Ozean
Im Südpolarmeer schwimmen die größten Eisberge.
Südpolarmeer

Was ist ein Fisch?

Über 20 000 Fischarten leben im Meer. Fische sind Schuppentiere mit Flossen. Sie sind Kaltblüter. Das bedeutet, dass ihr Körper immer etwa dieselbe Temperatur hat wie das Wasser um sie herum.

Schwimmen

Die meisten Fische haben im Körper einen Luftbeutel, der einem kleinen, dünnen Ballon ähnelt. Man nennt ihn Schwimmblase. Sie hilft ihnen, im Wasser zu treiben, ohne schwimmen zu müssen.

Wie Fische atmen

Fische benötigen Sauerstoff zum Leben. Sie können den Sauerstoff nicht durch die Luft aufnehmen. Auch im Wasser ist Sauerstoff. Fische nehmen ihn über die Kiemen auf.

Das Wasser fließt in den Mund, durch die Kiemen und wieder hinaus. Blut in den Kiemen nimmt den Sauerstoff auf.

Ein sechster Sinn

Die meisten Fische haben eine Linie auf jeder Seite ihres Körpers. Sie wird Seitenlinienorgan genannt. Es hilft ihnen, die Bewegungen anderer Tiere im Wasser zu spüren.

Tiefseefische

Tief unten im Meer leben einige sehr seltsame Fische. Sie haben besondere Methoden, an ihr Futter zu kommen.

Ein Viperfisch lockt Fische mit Lichtern an seinem Körper an, um sie dann aufzufressen.

Ein Anglerfisch hat ein Licht auf seinem Kopf. Die Fische schwimmen darauf zu und werden von ihm verschluckt.

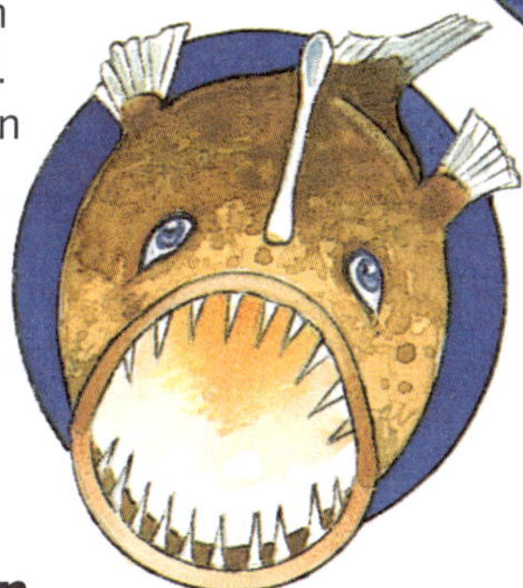

Hochgucker haben riesige, hervorstehende Augen, die nach oben gerichtet sind. So können sie nach Beute Ausschau halten.

Der Schlinger schluckt seine Beute mit seinem riesigen Maul einfach im Ganzen in den großen, dehnbaren Magen hinunter.

Haie und Rochen

Haie und Rochen gehören zu den größten Salzwasserfischen. Sie haben keine Schwimmblasen und müssen immer schwimmen, weil sie sonst absinken würden.

Viele Haie haben mehrere Reihen rasiermesserscharfe Zähne. Wenn die vorderste Reihe abgenutzt ist, wandern die hinteren nach vorne und ersetzen sie.

Der Teufelsrochen schlägt mit seinen Seitenflossen, um sich fortzubewegen. Wenn er einer Gefahr entrinnen muss, springt er aus dem Wasser.

Wale

Wale sind die größten Meerestiere. Sie sind keine Fische, sondern Säuger. Säugetiere atmen Luft. Außerdem sind sie Warmblüter. Das bedeutet, dass ihr Körper immer dieselbe Temperatur hat, auch wenn das Wasser kalt ist.

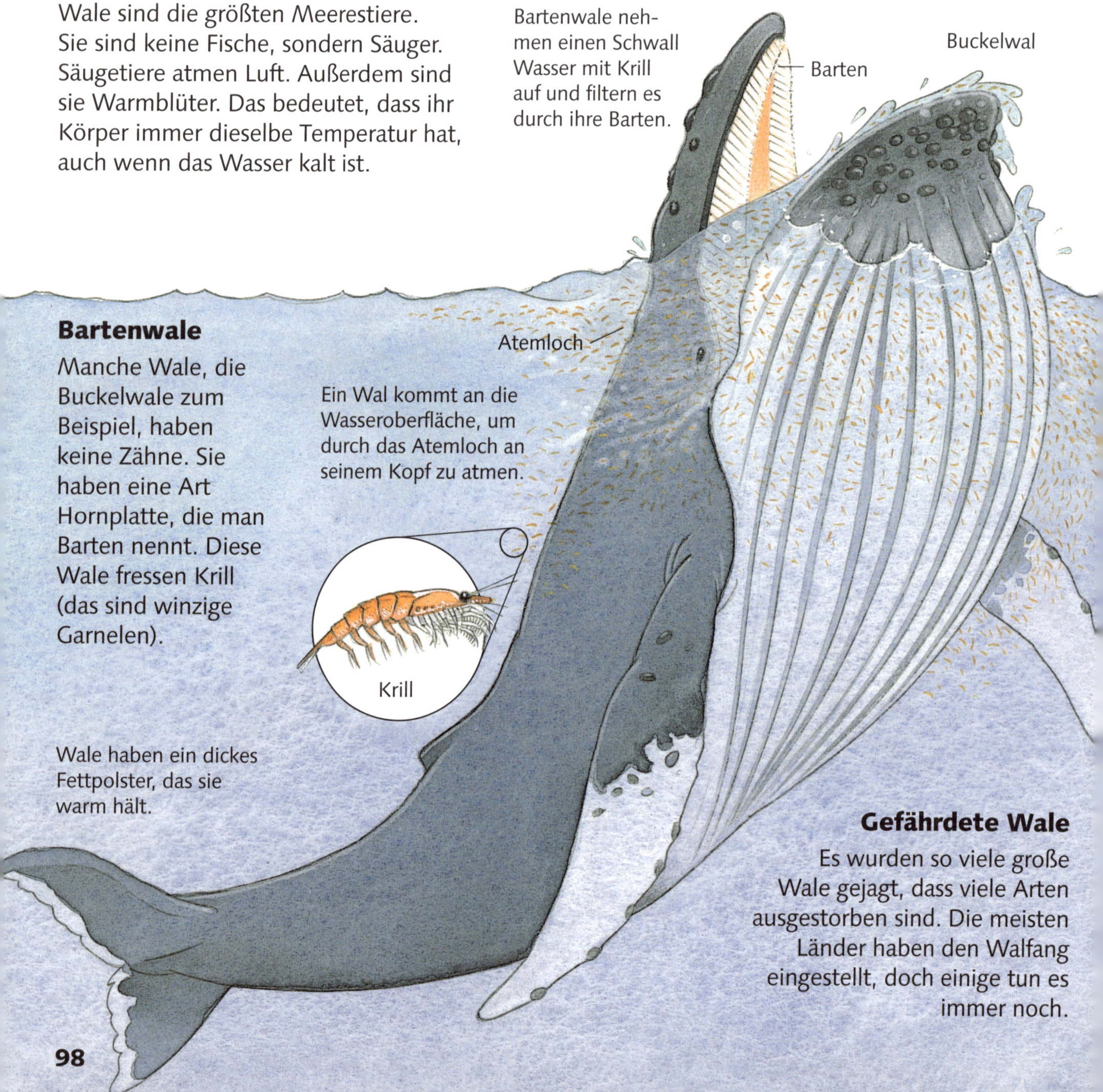

Bartenwale nehmen einen Schwall Wasser mit Krill auf und filtern es durch ihre Barten.

Ein Wal kommt an die Wasseroberfläche, um durch das Atemloch an seinem Kopf zu atmen.

Wale haben ein dickes Fettpolster, das sie warm hält.

Bartenwale

Manche Wale, die Buckelwale zum Beispiel, haben keine Zähne. Sie haben eine Art Hornplatte, die man Barten nennt. Diese Wale fressen Krill (das sind winzige Garnelen).

Gefährdete Wale

Es wurden so viele große Wale gejagt, dass viele Arten ausgestorben sind. Die meisten Länder haben den Walfang eingestellt, doch einige tun es immer noch.

Wale mit Zähnen

Andere Wale, wie zum Beispiel der Pottwal, haben scharfe Zähne, um Fische, Tintenfische und andere Tiere fressen zu können. Sie stöbern ihre Beute mit Klickgeräuschen auf. Diese Klickgeräusche prallen an den Tieren ab und senden ein Echo an den Wal zurück. So findet er heraus, wo sich die Beute befindet.

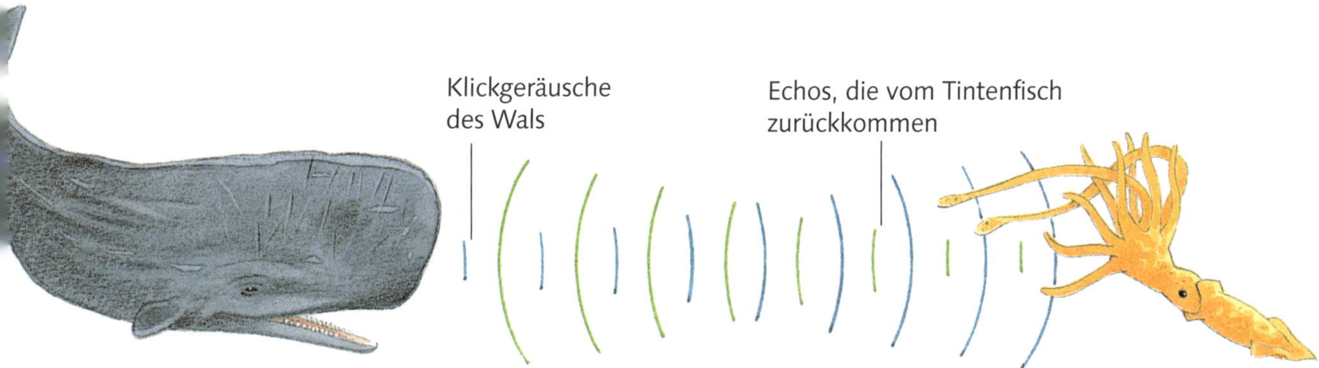

Pottwale können bis zu 3000 m tief tauchen.

Tintenfische sind die Hauptnahrung des Pottwals.

Wie groß sind Wale?

Wale gibt es in vielen Größen. Tümmler und Delfine sind die kleinsten, Blauwale die größten. Der Blauwal ist das größte Tier auf der Welt.

Korallenriffe

Korallenriffe sind wunderschöne unterirdische Gärten. Sie wachsen in warmen, flachen Gewässern und bieten vielen verschiedenen Fischen und Tieren Lebensraum.

Viele Fische haben bunte Muster, um sich besser in den Korallen verstecken zu können.

Der Igelfisch bläht sich zu einem stacheligen Ball auf und kann so nicht gefressen werden.

Was sind Korallen?

Korallen gibt es in vielen Formen und Größen. Sie haben sich aus den harten Skeletten winziger Tiere, den Korallenpolypen, gebildet. Wenn sie absterben, wachsen neue Polypen auf ihnen.

Papageienfische haben kräftige Zähne, um Korallen zu zermalmen.

Das ist die Vergrößerung eines Korallenquerschnitts. Der Polyp benutzt seine Tentakel, um pflanzliches Plankton zu sammeln und in den Mund zu stecken.

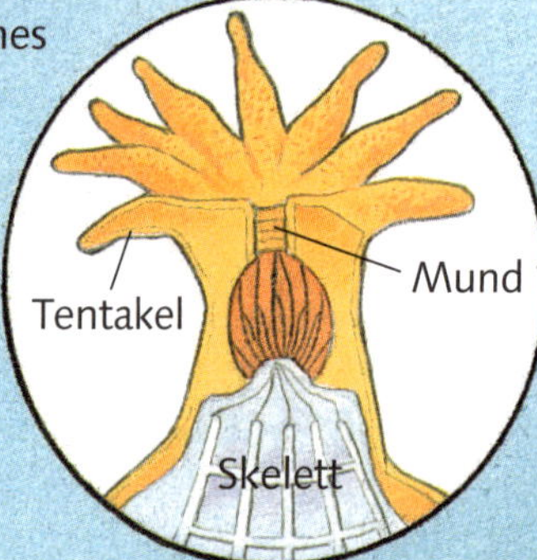

Seeanemonen sind wie große Korallenpolypen. Sie fressen genau wie sie.

Clownfische können sich zwischen den Seeanemonen verstecken, ohne sich zu verletzen.

Riesenmuscheln klappen bei Gefahr zusammen.

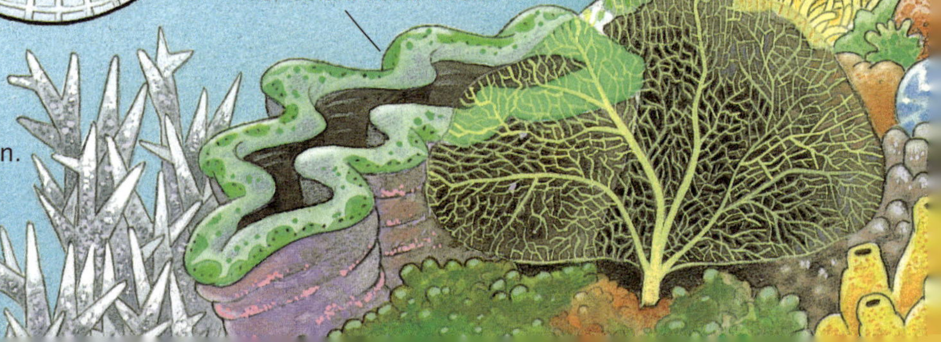

Die meisten Korallenpolypen verstecken sich den Tag über in ihren Skeletten. Nachts kommen sie heraus, um zu fressen.

Koralleninseln

Koralleninseln entstehen aus einem Korallenring, der um die Spitze eines Vulkans wächst.

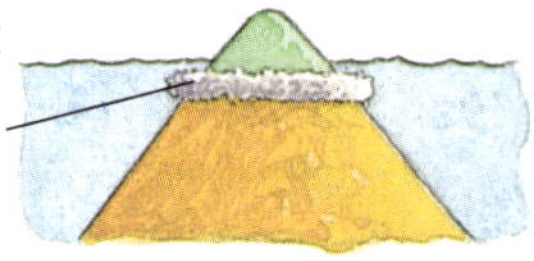

Der Meeresboden sinkt allmählich ab und nimmt den Vulkan dabei mit. Die Korallen wachsen und bilden so ein Riff.

Der versunkene Vulkan hinterlässt einen Ring von Koralleninseln, den man Atoll nennt. Das Meer in der Mitte ist eine Lagune.

Riffe in Gefahr

Viele Riffe werden beschädigt: entweder von Leuten, die Korallen sammeln, oder durch Umweltverschmutzung. Einige sind nun geschützt.

Eisige Meere

Die kältesten Meere befinden sich am Nord- und Südpol. Sie werden Polarmeere genannt. Sie frieren im Herbst zu und tauen im Frühjahr wieder auf. Trotzdem leben viele Tiere in und an ihnen.

Große Eisbrocken, Eisberge genannt, schwimmen in den Polarmeeren. Manche brechen von Gletschern (riesige gefrorene Flüsse) an Land ab und rutschen ins Meer. Andere sind abgebrochene Eisstücke, die ins Meer hineinragten.

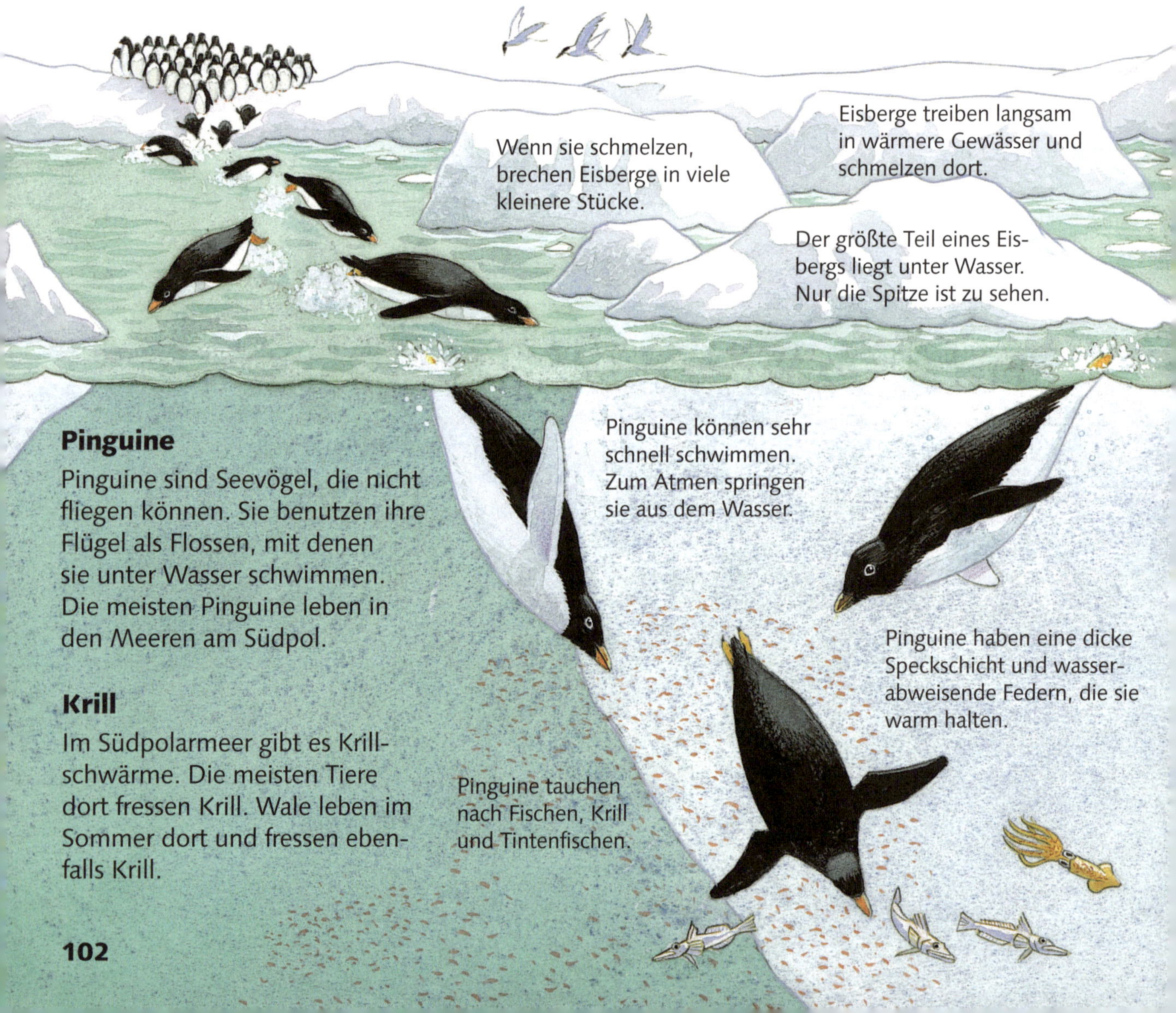

Pinguine

Pinguine sind Seevögel, die nicht fliegen können. Sie benutzen ihre Flügel als Flossen, mit denen sie unter Wasser schwimmen. Die meisten Pinguine leben in den Meeren am Südpol.

Krill

Im Südpolarmeer gibt es Krillschwärme. Die meisten Tiere dort fressen Krill. Wale leben im Sommer dort und fressen ebenfalls Krill.

Seehunde

Seehunde sind Säugetiere, die die meiste Zeit unter Wasser verbringen. Sie kommen an die Oberfläche, um Luft zu holen. Viele Seehundarten leben in den kalten Polarmeeren.

Im Winter kratzen Ringelrobben Löcher in die Eisdecke, um Luft holen zu können.

Eine dicke Speckschicht und ein Pelz halten Seehunde warm.

Ringelrobben fressen Fisch, Krill und Garnelen.

Seehunde haben wurstförmige Körper, die nach hinten schmaler werden. Mit dieser Form können sie sich gut im Wasser bewegen. Man nennt das stromlinienförmig.

Eisbären

Eisbären leben am Nordpol. Sie sind gute Schwimmer und jagen Seehunde und andere Tiere im Wasser und auf dem Land.

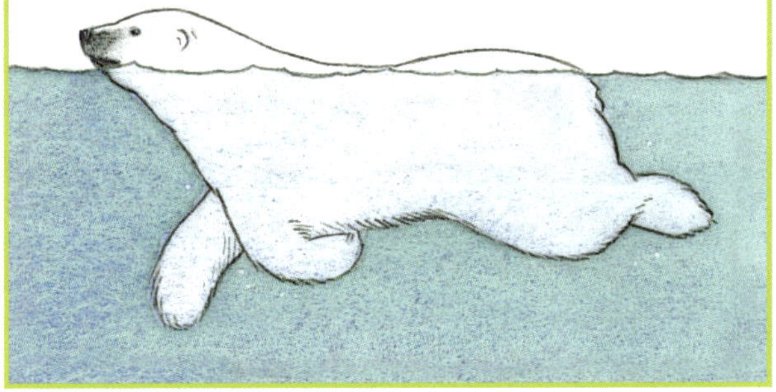

Eisbären haben Fell und eine Speckschicht, die sie warm halten.

Fische im Polarmeer

Viele Fische dort, zum Beispiel der Kabeljau, haben besondere Stoffe in ihrem Blut, die verhindern, dass ihr Blut in dem eiskalten Wasser gefriert.

Taucher

Taucher erledigen alle möglichen Arbeiten unter Wasser. Zum Beispiel reparieren sie Pipelines und erforschen den Meeresgrund. Die meisten von ihnen tauchen nur bis zu 50 m tief. Diese Taucher tragen Sauerstoffflaschen auf dem Rücken, die sie mit Atemluft versorgen.

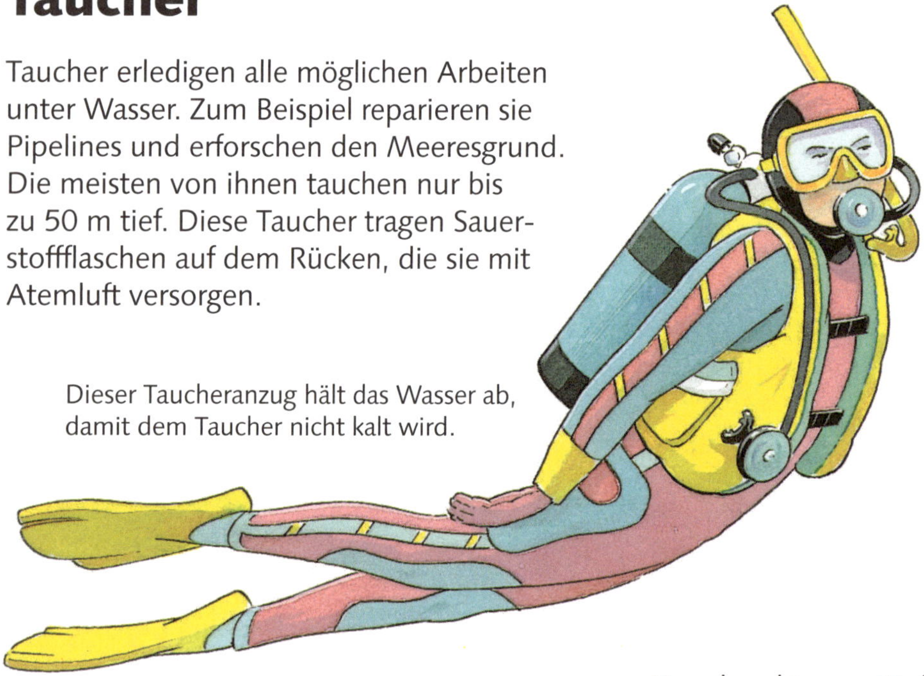

Dieser Taucheranzug hält das Wasser ab, damit dem Taucher nicht kalt wird.

Nach oben

Wenn Taucher hinabgehen, drückt immer mehr Wasser von oben auf sie. Das nennt man Wasserdruck. Taucher müssen ganz langsam wieder nach oben kommen, damit sie sich an den sinkenden Wasserdruck gewöhnen können.

Tiefseetaucher

Tiefseetaucher arbeiten in einer Tiefe von ca. 350 m. Meist atmen sie ein Gasgemisch durch einen Schlauch ein. Es wird mit Hilfe einer Tauchglocke hinabgeleitet.

Dieser Schlauch transportiert Gas. Ein anderer pumpt heißes Wasser durch den Anzug, um den Taucher warm zu halten.

Manchmal tragen Tiefseetaucher spezielle Anzüge, die sie vor dem Wasserdruck schützen. Sie atmen Sauerstoff aus einem Tank.

Ein Teil des Anzugs wurde weggelassen, um den Taucher darin sichtbar zu machen.

Wracks

Es gibt Taucher, die Schiffwracks auf dem Meeresboden untersuchen. So finden sie heraus, wie die Menschen früher lebten und auf dem Meer segelten. Sie werden Unterwasserarchäologen genannt.

Leben unter Wasser

Wissenschaftler haben versucht, unter Wasser in speziellen Wohnungen zu leben. 1969 lebten vier Leute 60 Tage lang in einer Unterwasserwohnung.

Rohre und Kabel transportierten Luft, Wasser und Strom zur Wohnung.

Tauchboote

Tauchboote können noch tiefer hinunter als Taucher. Sie haben Spezialwerkzeuge für die Arbeit unter Wasser. Manche Tauchboote haben Leute an Bord, doch die meisten sind Unterwasserroboter, die von oben gesteuert werden.

Mit dem Tauchboot nach unten

Das französische Tauchboot Nautile kann Menschen bis zu 6000 m tief bringen. Es wird von der Mannschaft innen gesteuert.

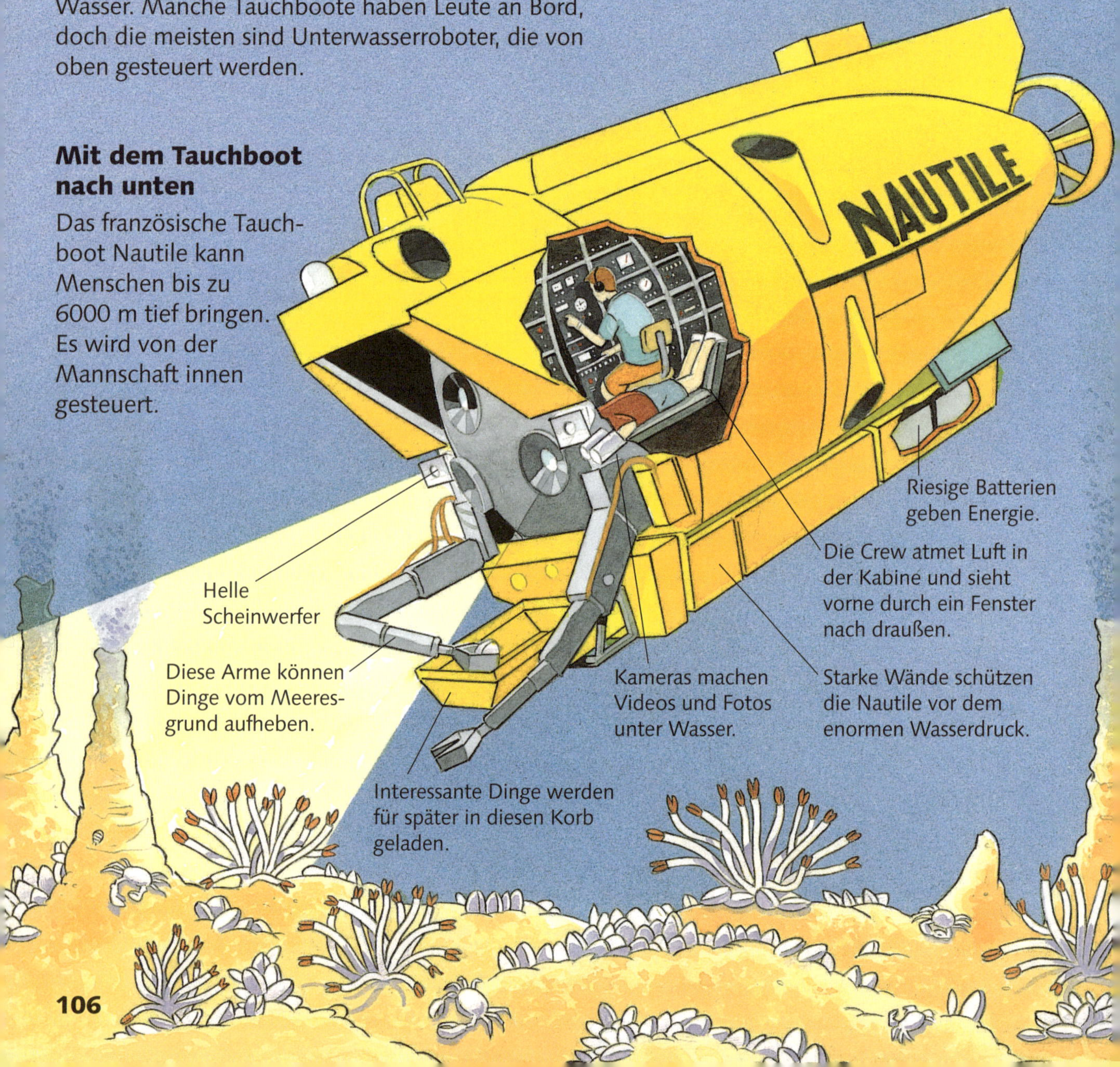

U-Boote

U-Boote sind große Unterwasserschiffe, die von der Marine benutzt werden. Hier siehst du, wie sie mit Hilfe von Tanks auf- und abtauchen.

Die Tanks werden mit Wasser gefüllt, damit das U-Boot abtaucht. Das Wasser lässt es schwer genug werden, um abzusinken.

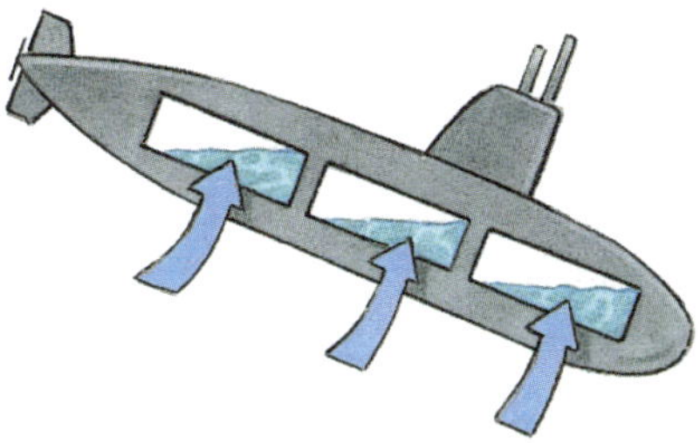

Die Tanks werden geschlossen, damit das Boot auf einer Höhe bleibt.

Die Tanks werden mit Luft gefüllt, damit das U-Boot wieder auf-steigt. Die Luft presst das Wasser aus den Tanks.

Bathyskaphen

Ein Bathyskaph ist ein Tiefseetauchgerät, das die tiefsten Meere erforscht. Es hat unten eine Kabine für die Crew.

1960 tauchte der Bathyskaph Trieste fast 11 km tief auf den Boden des Marianengrabens.

Ansicht der Kabine

ROVs (Remotely Operated Vehicle)

Unterwasserroboter werden ROVs genannt. Dieser hier wird dazu benutzt, Telefonkabel auf dem Meeresboden zu verlegen und zu reparieren.

Dieses ROV bläst einen Graben in den Meeresboden, um das Kabel darin zu verlegen.

Eine Leine kontrolliert das ROV von oben.

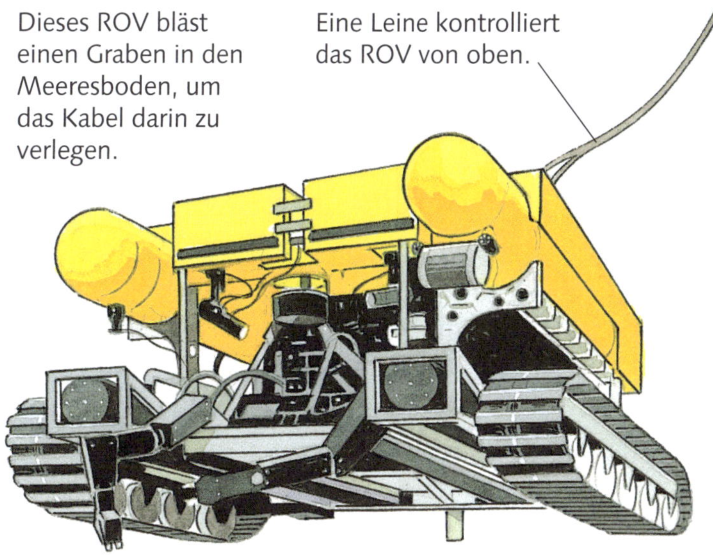

Der Meeresboden

Die Erdoberfläche besteht aus Stücken, die man Platten nennt. Diese bewegen sich langsam auf einer Schicht heißen Gesteins, die Erdmantel heißt. Dieses Bild zeigt einige Platten des Meeresbodens.

Vulkane unter Wasser sind aus geschmolzenem Gestein (Magma) entstanden, das durch den Meeresboden nach oben drückte. Das Magma kühlt ab und wird zu harten Gesteinsschichten. Allmählich wachsen sie zu einem Vulkan.

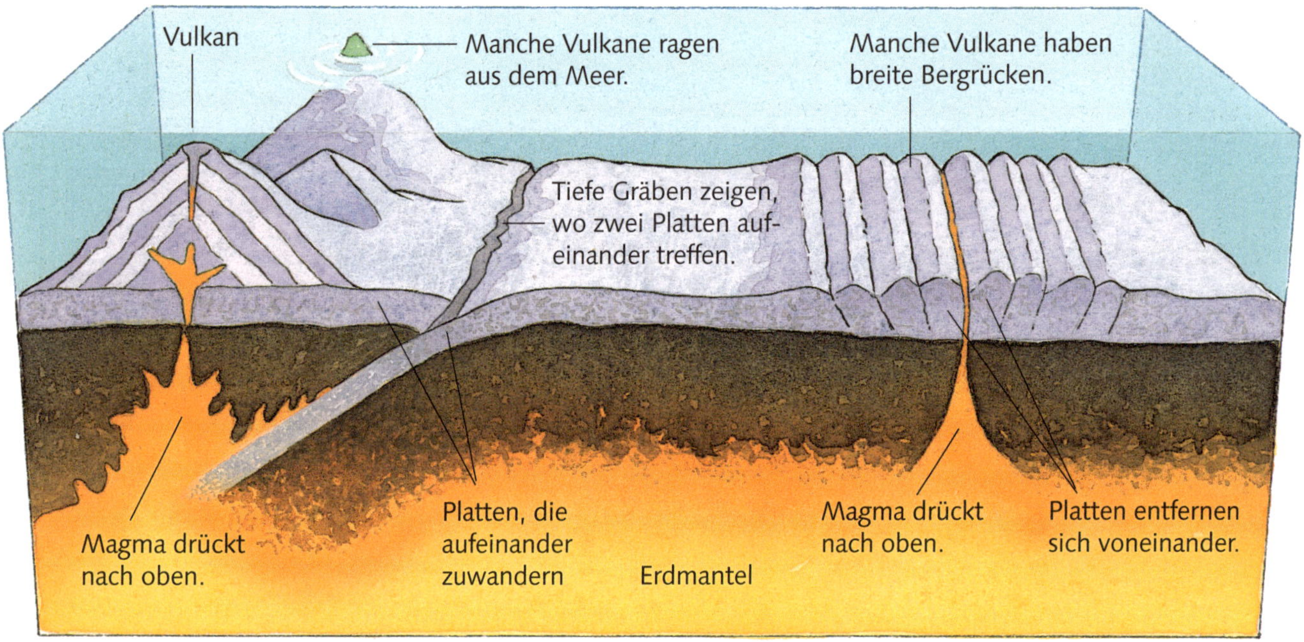

Wenn Meeresboden verschwindet

Ein Teil des Meeresbodens wird zerstört. Wenn sich zwei Platten aufeinander zubewegen, verschiebt sich eine nach unten. Teile davon schmelzen zu Magma. Ein Teil dieses Magmas kann durch Vulkane aufsteigen.

Neuer Boden

Neuer Meeresboden entsteht immer dann, wenn sich zwei Platten voneinander entfernen. Magma drückt nach oben, um die Lücke zu füllen. Es bildet immer größer werdende Bergrücken, die hart werden und neuen Meeresboden bilden.

Heiße Quellen

Wissenschaftler haben am Rand von Platten heiße Quellen entdeckt. Hier fließt Meerwasser in die Risse im Meeresboden, wird vom heißen Gestein darunter aufgeheizt und schießt als Fontäne wieder nach oben.

Wie tief ist das Meer?

Man findet heraus, wie tief das Meer ist, indem man misst, wie lange ein Ton braucht, bis er als Echo wieder oben angekommen ist. Die verschiedenen Tiefen werden in einer Karte des Meeresbodens verzeichnet.

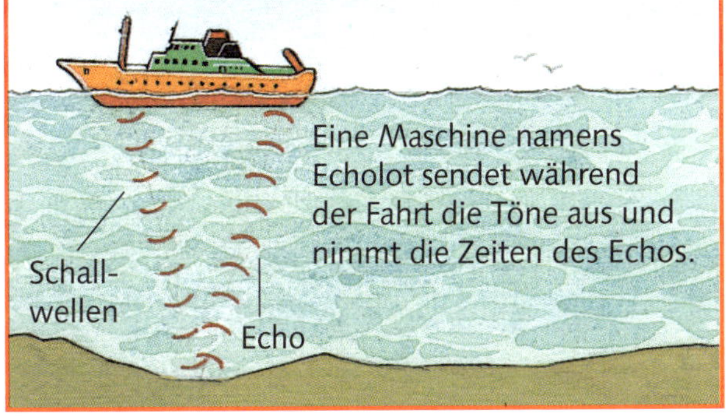

Tunnel unter dem Meer

Riesige Bohrer können große Tunnel durch den Meeresboden graben. Der längste Eisenbahntunnel befindet sich unter dem Ärmelkanal zwischen England und Frankreich.

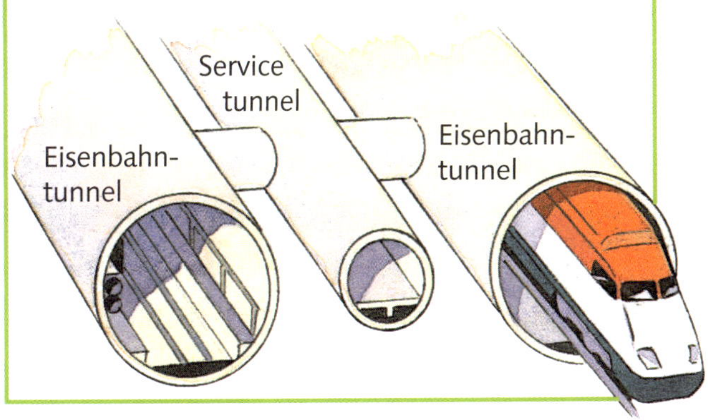

Bohren nach Öl

Riesige Bohrinseln werden gebaut, um unter dem Meeresboden Öl zu gewinnen. Manche Inseln stehen auf dem Meeresboden, andere schwimmen auf Tanks im Wasser. Sie müssen stabil genug sein, um raue See und schlechtes Wetter auszuhalten.

Die Spitze des Bohrers wird Bohreinsatz genannt. Er hat scharfe Zähne aus Metall und Diamanten, um sich durch den Fels zu bohren. Wenn sie abgenutzt sind, wird der Bohrer hochgeholt und der Bohreinsatz ausgewechselt.

Öl wird nach oben gepumpt

Wenn einmal Öl gefunden wurde, wird die Plattform entfernt. Eine größere Förderplattform wird gebaut, um mehrere Löcher zu bohren und das Öl nach oben zu pumpen.

Transport von Öl

Pipelines und Tanker transportieren das Öl an Land, wo es zur Produktion von Treibstoff, Elektrizität, Plastik, Ölfarbe und Klebstoff genutzt wird.

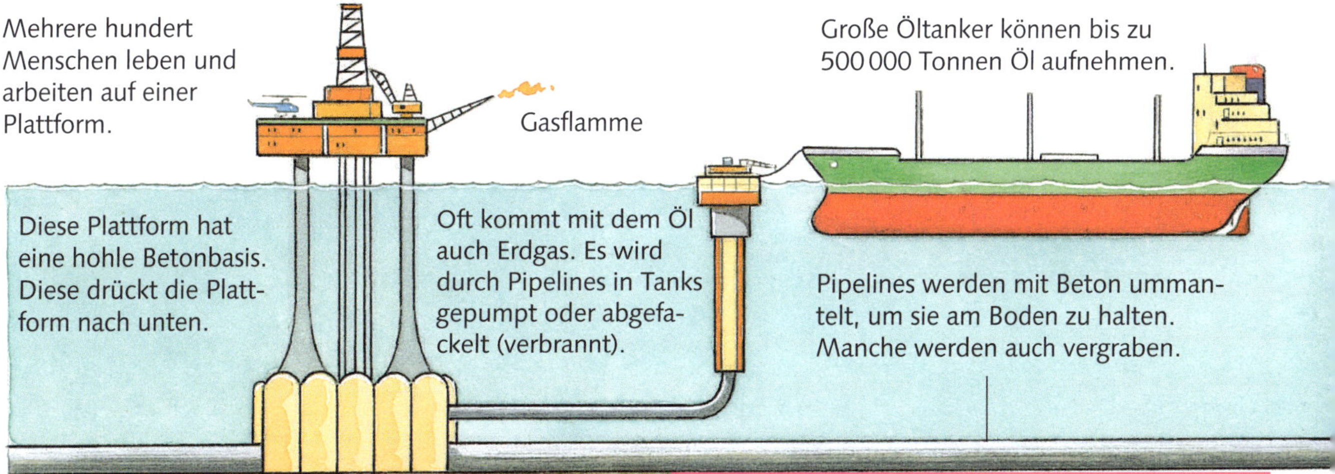
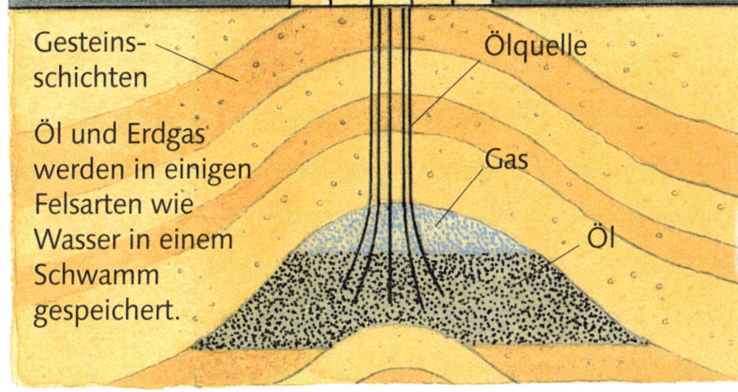

Ölpest

Öltanker können leckschlagen. Dann läuft Öl ins Meer. Auslaufendes Öl richtet großen Schaden an und ist sehr aufwändig und teuer zu entfernen.

Auslaufendes Öl erstickt und verklebt Tiere.

Was ist Erdöl?

Winzige Meerestierchen starben ab und bildeten auf dem Boden den so genannten Faulschlamm. Durch den Druck der darüber liegenden Gesteinsschichten und durch Wärme entstand in Jahrmillionen Erdöl.

Nutzung der Meere

Seit vielen tausend Jahren haben die Menschen die Meere befischt. Heute können moderne Fischerboote mit riesigen Netzen große Mengen Fisch auf einmal fangen.

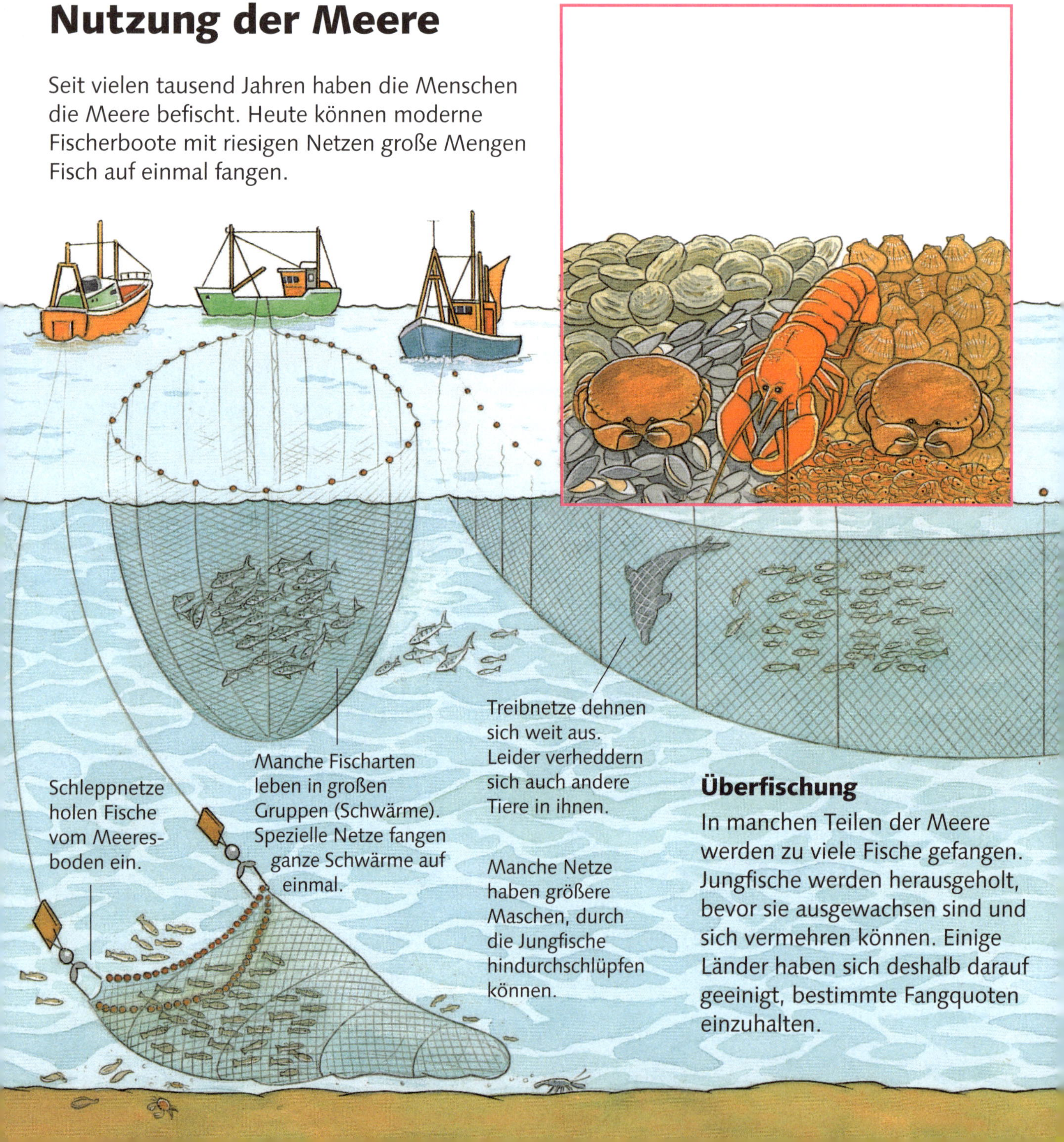

Überfischung

In manchen Teilen der Meere werden zu viele Fische gefangen. Jungfische werden herausgeholt, bevor sie ausgewachsen sind und sich vermehren können. Einige Länder haben sich deshalb darauf geeinigt, bestimmte Fangquoten einzuhalten.

Wo sind die Dinosaurier geblieben?

Mike Unwin
Entwickelt von Ian McNee
Illustrationen von Andrew Robinson, Toni Goffe und Guy Smith

Herausgegeben von Cheryl Evans und überarbeitet von Philippa Wingate
Mit Dank an Katarina Dragoslavić und Rosie Dickins
Beratung: Dr. Angela Miller (The Natural History Museum, London)
Aus dem Englischen von Ellen Oberlies

Was sind Dinosaurier?

Dinosaurier sind Tiere, die vor vielen Millionen Jahren gelebt haben, als es noch keine Menschen gab. Heute gibt es keine Dinosaurier mehr.

Dinosaurier bedeutet „schreckliche Echse". So wurden sie genannt, weil ihre Skelette denen von Echsen ähneln. Heute weiß man, dass Dinosaurier keine Echsen waren. Hier wird erklärt, was sie wirklich waren.

Der *Stegosaurus* war ein Dinosaurier, der vor 150 Millionen Jahren lebte.

Riesendinos

Die meisten Dinosaurier waren viel größer als unsere Echsen heute.

Diplodocus war einer der längsten Dinosaurier. Er wurde bis zu 27 m lang. Das ist so lang wie ein Tennisplatz.

Der Komodowaran ist die längste heute noch existierende Echse. Er wird bis zu 3 m lang.

Das Ende der Dinosaurier

Vor 65 Millionen Jahren starben die Dinosaurier aus. Das bedeutet, dass sie für immer verschwanden. Keiner weiß genau, was passierte. Aber die Experten haben einige Ideen, was gewesen sein könnte.

Vor langer Zeit

Die Zeit, bevor die Menschen zu schreiben begannen, nennt man Ur- oder Vorgeschichte. Sie wird in drei Zeitabschnitte eingeteilt.

Vor 225 Millionen Jahren

Die Dinosaurer tauchen auf.

Das Paläozoikum

Trilobiten sind kleine Lebewesen, die während des Paläozoikums im Meer lebten. Das war noch vor den Dinosauriern.

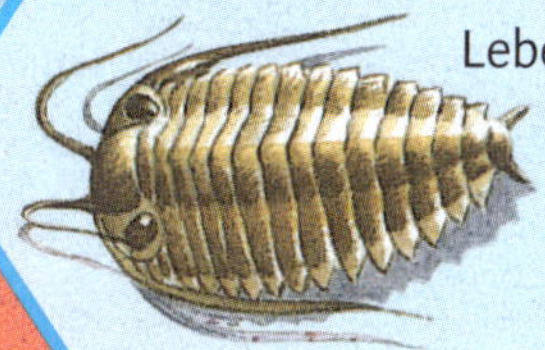

Dieser Pfeil ist farbig, um die verschiedenen Zeitabschnitte anzuzeigen.

Dinosaurier sind vorgeschichtliche Tiere, die vor ca. 154 Millionen Jahren auf der Erde lebten. Menschen gibt es erst seit etwa drei Millionen Jahren.

Das Mesozoikum

Die Dinosaurier lebten im Mesozoikum. Dieser Zeitabschnitt wird in drei Perioden aufgeteilt. Hier siehst du je einen Dinosaurier aus jeder Periode.

Der *Plateosaurus* lebte in der Trias.

Der *Allosaurus* lebte im Jura.

Der *Styracosaurus* lebte in der Kreidezeit.

Die Dinosaurier verschwinden.

Vor 65 Millionen Jahren

Das Känozoikum

Der *Brontosaurus* war ein großes Tier, das im Känozoikum lebte. Das war nach den Dinosauriern.

Verglichen mit den Dinosauriern, gibt es die Menschen noch nicht lange.

Die Menschen tauchten vor etwa drei Millionen Jahren auf.

Dieser Teil des Buches wird dir viel über Dinosaurier erzählen und dir helfen zu verstehen, was mit ihnen passiert sein könnte.

Was ist von den Dinosauriern übrig geblieben?

Experten haben aus Fossilien viel über Dinosaurier herausgefunden. Fossilien sind versteinerte Überreste von Tieren, die vor langer Zeit gelebt haben. Das ist alles, was heute von den Dinosauriern übrig geblieben ist.

Wie Fossilien entstanden sind

Wenn ein Dinosaurier starb, verrotteten die weichen Teile schnell. Nur das harte Knochenskelett blieb übrig.

Wenn der Dinosaurier auf schlammigem Boden lag, zum Beispiel auf dem Grund eines Sees, versank das Skelett im Schlamm.

Je mehr Schlamm sich über ihm sammelte, desto mehr Druck lastete auf der unteren Schicht und ließ sie zu Felsgestein werden.

Mit der Zeit verwandelten spezielle Mineralien im Fels das Skelett zu Stein. Es wurde zu einem Fossil.

Dinosaurier-Puzzle

Wissenschaftler, die sich mit Versteinerungen beschäftigen, nennt man Paläontologen. Sie fügen die versteinerten Teile von Dinosauriern zusammen, um herauszufinden, wie sie ausgesehen haben und wie sie lebten.

Fossilien werden dort gefunden, wo es früher einmal Wasser gab. Hier ist ein Fossil abgebildet, das aus einer Klippe ausgegraben wird.

Falsche Vorstellungen

Paläontologen können Fehler machen. Als man das Iguanodon zusammenfügte, gab es einen Knochen, der nicht zum restlichen Skelett zu passen schien. Man beschloss, dass er auf die Nase des Iguanodons gehörte, wie das Horn bei einem Nashorn. Als sie aber weitere Fossilien fanden, wurde ihnen klar, dass es ein Stachel auf dem Daumen des Iguanodons war.

Zuerst glaubte man, dass das Iguanodon so aussah.

Das ist der Knochen, der den Wissenschaftlern Rätsel aufgab.

Jetzt wissen sie, dass das Iguanodon eher so aussah.

Die Experten packen die Versteinerungen in feuchtes Papier und Gips, um sie zu schützen. Jedes Teil bekommt eine Nummer.

Fossilien werden eingepackt und mitgenommen, um sie genauer zu studieren.

Na, so was!

1965 fanden Paläontologen in der Mongolei die riesigen Arme des Deinocheirus. Nach seinem Körper suchen sie immer noch.

Die Vorderbeine des Deinocheirus waren länger als ein Mensch.

Ursprünge

Man kann besser verstehen, warum die Dinosaurier ausgestorben sind, wenn man weiß, woher sie kamen. Die meisten Wissenschaftler gehen davon aus, dass alle Lebewesen sich langsam verändern. Diese Veränderung nennt man Evolution.

Deine Umwelt ist die Umgebung, in der du lebst. Die Evolution verändert Tiere so, dass sie besser in ihre Umwelt passen, oder sie schafft neue Arten.

Giraffen leben in einer Umwelt mit hohen Bäumen. Sie haben lange Hälse entwickelt, um die oberen Blätter erreichen zu können.

Vom Wasser ans Land

Hier siehst du, wie sich die Dinosaurer über Jahrmillionen hinweg entwickelt haben.

Vor mehr als 350 Mio. Jahren lebten an Land noch keine Tiere. Aber dort, wo das Wasser auszutrocknen begann, verließen einige Fische das Wasser.

Der *Eusthenopteron* war ein Fisch, der seine kräftigen Flossen wie Beine benutzte.

Überlebensstrategien

Manchmal verändert sich die Umwelt. Tiere, die zu den Veränderungen passen, überleben, andere sterben aus. Ein berühmter Wissenschaftler, Charles Darwin, nannte dies Selektion.

Nicht alle akzeptieren die Theorie von Evolution und Selektion. Viele Menschen glauben, dass Gott die Erde und die Tiere so erschaffen hat, wie sie heute sind.

Vor 350 Mio. Jahren entwickelten sich Tiere mit Beinen: Amphibien. Sie lebten an Land, mussten aber in der Nähe des Wassers bleiben, in das sie ihre Eier legten.

Der *Dimetrodon* war ein Reptil. Seine Beine ragten seitlich aus seinem Körper.

Vor 310 Mio. Jahren entwickelten sich die Reptilien. Ihre Körper hatten sich dem Leben auf dem Land angepasst. Sie hatten trockene, schuppige Haut, die sie vor der Sonne schützte.

Der *Ichthyostega* war eine Amphibie. Er hatte noch sehr kurze Beine.

Der *Diplodocus* hatte säulenartige Beine.

Vor 230 Mio. Jahren entwickelten die Reptilien stärkere und geradere Beine. Das waren die ersten Dinosaurier.

Selektion

Am Birkenspanner kann man sehen, wie eine veränderte Umwelt bewirkt, dass sich Tiere verändern.

1. Einige Birkenspanner sind dunkel, andere hell. Vor 200 Jahren gab es noch mehr helle Birkenspanner als dunkle.

2. Helle Birkenspanner hatten denselben Farbton wie Bäume. Also fingen Vögel mehr dunkle Falter, die leichter zu sehen waren.

3. Als man begann, Fabriken zu bauen, machte der Rauch die Bäume dunkler. Nun konnten die Vögel helle Birkenspanner besser erkennen.

4. Es überlebten mehr dunkle Birkenspanner und bekamen dunkle Junge. So wurden dunkle Birkenspanner schnell häufiger als die hellen.

Formen und Größen

Dinosaurier entwickelten sich in viele verschiedene Größen. Manche waren recht klein. Andere waren viel größer als die heutigen Tiere an Land.

Der *Brachiosaurus* war einer der größten. Er wog mehr als 50 Tonnen. Das ist so viel, wie neun Elefanten zusammen wiegen.

Die Wirbelsäule des Brachiosaurus war leicht, aber sehr stark, wenn es darauf ankam, seinen schweren Körper zu stützen.

Starke Beine trugen das Gewicht.

Sich warm halten

Tiere dürfen weder zu warm noch zu kalt werden. Die Körpertemperatur eines Dinosauriers richtete sich nach der Außentemperatur. Bei kühlem Wetter wurden die Dinosaurier kalt.

Die größten Saurier waren so riesig, dass es lange Zeit dauerte, bis sie auskühlten. So half ihnen ihre Größe, warm zu bleiben.

Ein Segel als Hilfe

Der *Spinosaurus* hatte eine Art Segel auf seinem Rücken, um seine Körpertemperatur zu regeln. Wenn die Sonne wanderte, veränderte der Spinosaurus seine Position.

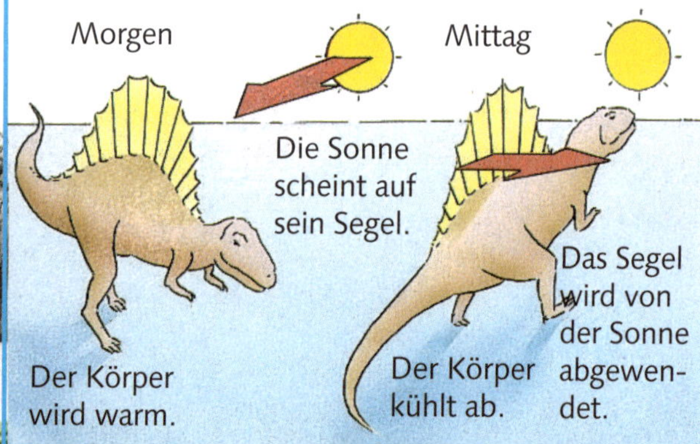

Verschiedene Formen

Dinosaurier entwickelten sich aus verschiedenen Größen in verschiedenen Formen.

Hornsaurier hatten riesige Köpfe mit knochigen Kragen und spitzen Hörnern. Der *Triceratops* war der größte Hornsaurier. Er war 11 m lang und wog 5,4 Tonnen.

Der *Parasaurolophus* rief andere herbei, indem er laute, trompetenartige Geräusche durch seine Haube ausstieß.

Der *Parasaurolophus* hatte einen knochigen Schnabel, um Pflanzen ausreißen zu können, und eine Haube auf seinem Kopf.

Der *Triceratops* hatte spitze Hörner, um Feinde abzuwehren.

Ein Knochenkragen schützte seinen Hals und er hatte starke Muskeln, mit denen er den Kiefer bewegte.

Der *Euoplocephalus* war ein schwerer Saurier mit Knochenplatten und Stacheln, die ihn schützten.

Der *Euoplocephalus* benutzte seinen Schwanz als Keule, um sich zu wehren.

Einen Dinosaurier basteln

Du kannst aus Ton oder Knete, abgebrochenen Streichhölzern und Reißnägeln einen Euoplocephalus basteln.

Rolle eine dicke Kugel für den Körper.

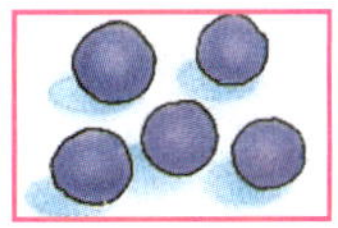

Kleinere Kugeln für den Kopf, die Beine und die Keule

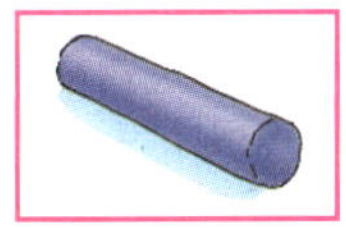

Rolle eine Wurst für den Schwanz.

Benutze abgebrochene Streichhölzer für die Stacheln.

Für die Knochenplatten kannst du Reißnägel nehmen.

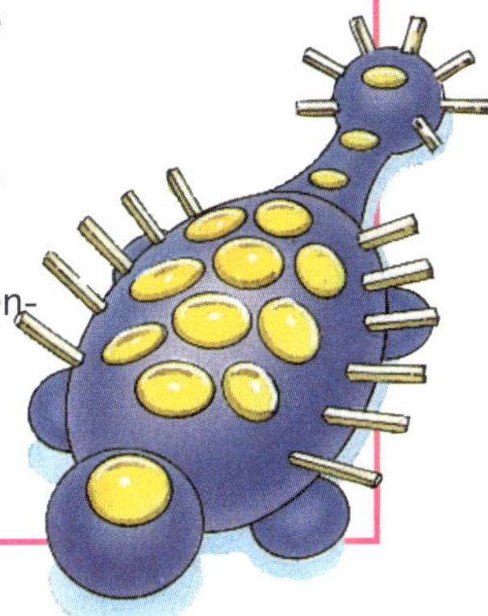

Saurierleben

Fossilien helfen den Experten herauszufinden, wie die Saurier gelebt haben. Sie geben auch Hinweise darauf, welche Veränderungen dazu geführt haben, dass die Dinosaurier ausgestorben sind.

Hinweise auf Futter

Manche Saurier hatten spitze Zähne und kräftige Krallen. Das zeigt, dass sie Fleisch fraßen. Der *Tyrannosaurus* war einer der größten Fleischfresser. Er war so schwer wie ein Elefant und so lang wie ein Bus.

Wie man isst

Menschen können verschiedene Nahrungsmittel zu sich nehmen. Sie haben unterschiedliche Zähne für unterschiedliche Aufgaben. Schau dir deine Zähne im Spiegel an und fühle ihre unterschiedlichen Oberflächen.

Kannst du die scharfen Schneidezähne zum Abbeißen fühlen? Die breiten Backenzähne dienen zum Zermahlen der Nahrung.

Andere Dinosaurier hatten Zähne, die fürs Pflanzenfressen gut geeignet waren. Der *Corythosaurus* war ein Pflanzenfresser. Er zerkaute harte Blätter und Zweige.

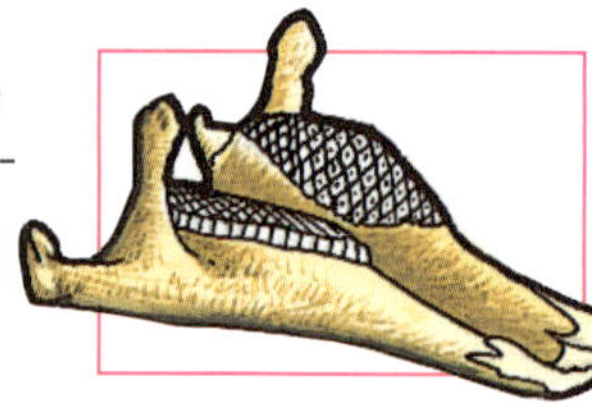

Der Kiefer des *Corythosaurus* hatte hunderte kleiner Zähne zum Zermahlen von Pflanzenteilen.

Der *Tyrannosaurus* hatte spitze Zähne, um Fleisch zerteilen zu können.

Er hatte scharfe Krallen, um seine Beute aufzureißen.

Corythosaurus

Versteinerter Saurierkot kann verraten, was die Saurier gefressen haben.

Tannennadeln im Kot

Eier

Die Wissenschaftler wissen, dass manche Dinosaurier Eier gelegt haben, weil sie viele versteinerte Eier gefunden haben. Die größten Eier waren über 30 cm lang.

Ein *Protoceratops-Baby* schlüpft aus dem Ei, das in den Sand gelegt wurde, um es warm zu halten.

Zusammenbleiben

Von den Versteinerungen der *Triceratops* wurden viele dicht beieinander gefunden. Das zeigt, dass sie vermutlich in Herden lebten.

Versteinerte Fußabdrücke

Der *Velociraptor* war ein wilder Jäger. Er war nur 2 m lang, doch seine versteinerten Fußabdrücke liegen weit auseinander. Das zeigt, dass er sehr schnell laufen konnte.

Der lange, steife Schwanz half dem *Velociraptor*, beim Laufen oder Springen das Gleichgewicht zu halten.

Lange Beine ermöglichten ihm große Schritte.

Kämpfen

Manche Dinosaurier, die in Herden lebten, kämpften miteinander, um den Anführer auszumachen. Der dicke Schädelknochen der männlichen *Pachycephalosaurier* sollte sie vermutlich bei Kämpfen schützen.

Die *Pachycephalosaurier* kämpften mit ihren Köpfen, wie das auch Ziegen tun.

Neben den Sauriern

Während die Dinosaurier an Land lebten, gab es andere urzeitliche Reptilien, die im Wasser oder in der Luft zu Hause waren. Interessanterweise verschwanden sie genau zur selben Zeit wie die Dinosaurier.

Mit seinen langen Flossen bewegte sich der *Plesiosaurus* durchs Wasser.

Der lange Hals war beim Fischefangen hilfreich.

Seeungeheuer

Im Meer lebten riesige Reptilien. Ihr langer, glatter Körper machte sie zu guten Schwimmern. Ihre Beine entwickelten sich zu Flossen, die ihnen beim Schwimmen zugute kamen.

Der *Ichthyosaurus* wurde bis zu 12 m lang. Er legte keine Eier, sondern brachte seine Jungen unter Wasser zur Welt.

Plesiosaurier wurden bis zu 12 m lang. Sie kamen an Land, um ihre Eier zu legen.

Spitze Zähne für den Fischfang

Der *Ichthyosaurus* konnte wie ein Delfin in die Höhe springen.

Große Augen, um unter Wasser gut zu sehen

Der *Ichthyosaurus* hatte Handknochen in seinen Flossen. Das zeigt, dass er ein Reptil und kein Fisch war.

In der Luft

Flugsaurier waren fliegende Reptilien. Sie hatten Flügel aus Haut, so wie Fledermäuse heute. Sie hatten außerdem sehr leichte Knochen, die das Fliegen einfacher machten. Manche waren nicht größer als ein Spatz. Andere hatten die Größe eines kleinen Flugzeugs.

Die Flügel des *Pteranodons* waren 6 m breit. Er lebte auf hohen Klippen.

Der *Pterodactylus* war ein kleiner Flugsaurier. Er hatte spitze Zähne, mit denen er Insekten fangen konnte.

Der *Pteranodon* wog nur 17 kg. Das ist das Gewicht eines fünfjährigen Kindes.

Der erste Vogel

Der *Archäopteryx* war einer der ersten Vögel. Er hatte Federn und flog wie die Vögel heute. Der *Archäopteryx* lebte vor 150 Mio. Jahren. Er hatte ungefähr die Größe einer Krähe.

Der *Archäopteryx* hatte Federn, mit denen er fliegen konnte und die ihn warm hielten.

Krallen, um auf Bäume zu klettern

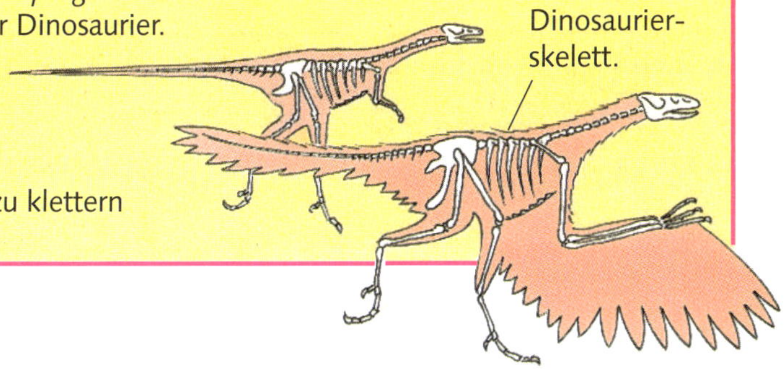

Der *Compsognathus* war ein kleiner Dinosaurier.

Der *Archäopteryx* hatte ein Dinosaurierskelett.

Warum sind sie ausgestorben?

Die Experten wissen, wann die Dinosaurier ausgestorben sind, aber nicht warum. Es gibt unterschiedliche Meinungen darüber, was passiert sein könnte. Heute weiß man, dass viele dieser Vorstellungen falsch sind.

Steine als Hinweis

Es gibt versteinerte Dinosaurier aus dem Mesozoikum. Doch in Gesteinsschichten, die jünger sind, gibt es keine mehr.

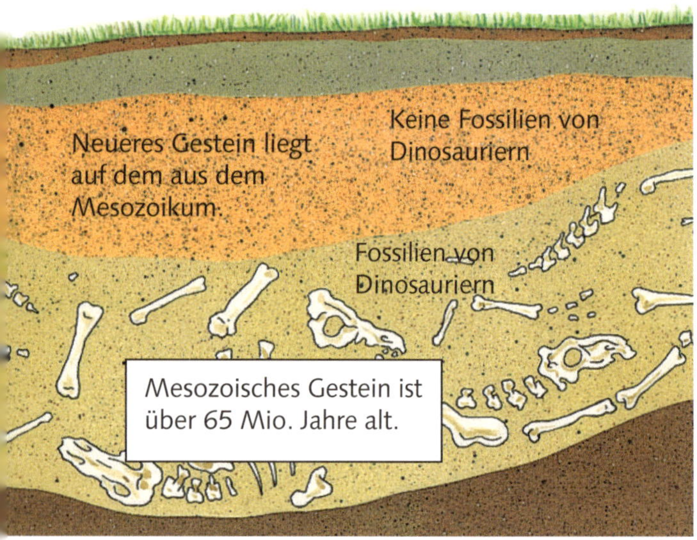

Das zeigt, dass alle Dinosaurier vor 65 Mio. Jahren, am Ende des Mesozoikums, ausstarben.

Zu groß?

Manche Wissenschaftler waren der Meinung, dass Dinosaurier so groß waren, dass sie ihr eigenes Gewicht nicht tragen konnten.

Heute weiß man, dass die großen Dinosaurier sehr starke Knochen hatten.

Kleine Dinosaurier starben ebenfalls aus. Also ist die Größe keine Erklärung für ihr Aussterben.

Krankheiten?

Manche Wissenschaftler glaubten, dass die Dinosaurier durch Krankheiten ausgerottet wurden.

Dinosaurier bekamen Krankheiten, aber sie entwickelten sich weiter und überlebten sie. Heute weiß man, dass keine Art wegen einer Krankheit aussterben kann.

Von den Säugern übertroffen?

Während des Mesozoikums entwickelte sich eine neue Tierart, die Säugetiere.

Manche glaubten, dass die Säuger das Futter der Dinosaurier wegfraßen.

Andere vermuteten, dass sie die Eier der Saurier stahlen.

Heute wissen die Wissenschaftler, dass die Säugetiere die Dinosaurier nicht ausgerottet haben. Sie gewannen erst nach dem Aussterben der Saurier an Bedeutung.

Giftige Blumen

Die ersten Pflanzen mit Blüten entwickelten sich während der Kreidezeit. Manche Experten glaubten, dass sie Stoffe enthielten, die die Dinosaurier vergifteten.

Jetzt weiß man, dass sich ganz neue Dinosaurier entwickelten, die diese neuen Pflanzen fraßen.

Das Ende

Während des Mesozoikums entwickelten sich ständig neue Dinosaurier, die den Platz der ausgestorbenen einnahmen. Aber am Ende dieser Zeit starben die Dinosaurier alle aus und es entwickelten sich keine neuen mehr.

Irgendetwas muss passiert sein, was die Dinosaurier sterben ließ und verhinderte, dass sie neue Arten entwickelten. Die nächsten vier Seiten sagen mehr darüber.

Große Veränderungen

Während der Zeit, in der die Dinosaurier lebten, veränderte sich die Umwelt in vielen Punkten. Die Wissenschaftler vermuten, dass das der Grund sein könnte, warum die Dinosaurier ausgestorben sind.

Andere Pflanzen

Im Mesozoikum entstanden viele neue Pflanzenarten.

Diese Pflanzen gab es in Trias und Jura.

Schopfbäume

Schachtelhalm

Hartholzbäume

Diese Pflanzen gab es in der Kreidezeit.

Blühende Pflanzen

Die Veränderungen bei den Pflanzen bedeuteten anderes Futter für die Dinosaurier. Aber diese Veränderungen gingen so langsam vor sich, dass sich die Dinosaurier anpassen konnten.

Anderes Wetter

Klima nennt man das Wetter, das ein Ort normalerweise hat.

Im Mesozoikum herrschte warmes Klima auf der Erde.

Doch am Ende der Kreidezeit wurde es kühler. Die Experten vermuten, dass das Wetter zum Aussterben der Dinosaurier beigetragen hat.

Die meisten Dinosaurier hatten weder Fell noch Federn, die sie warm hielten. Die meisten waren zu groß, um nach einem langen, kalten Winter wieder warm zu werden.

Die Erdoberfläche besteht aus großen Stücken, Erdplatten genannt. Diese bewegen sich so, dass die Kontinente ganz allmählich ihre Position verändern. Das nennt man Kontinentalverschiebung.

Mit der Verschiebung verändern sich Umwelt und Klima auf der Erde. Manche nehmen an, dass dies die Dinosaurier aussterben ließ. Diese Karten zeigen, wie sich die Erde verändert hat.

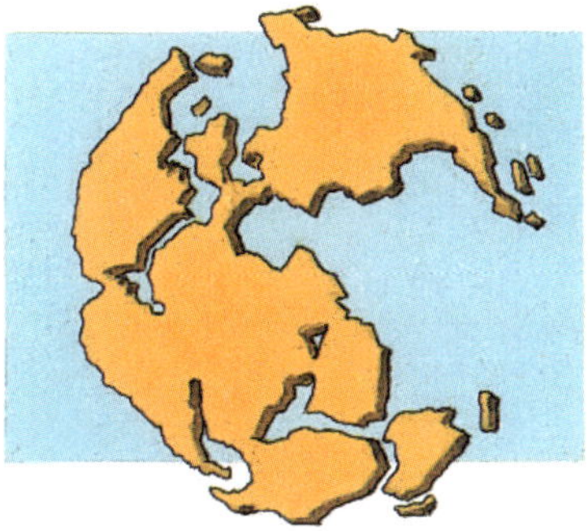

Während der Trias gab es nur einen großen Kontinent, den man Pangaea nennt. Auf der ganzen Welt herrschte dasselbe warme Klima.

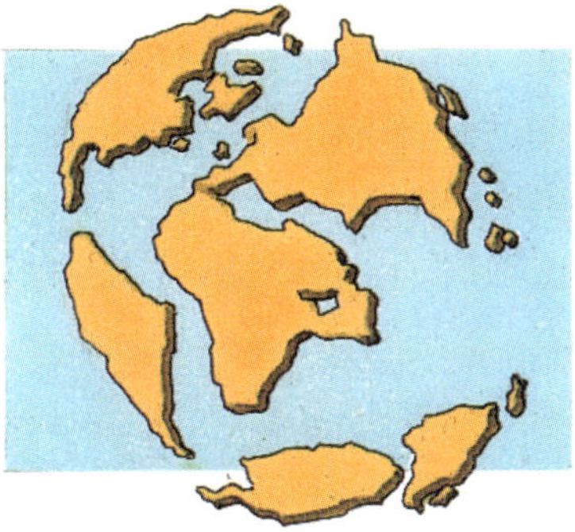

In der Kreidezeit teilte sich Pangaea in neue Kontinente auf. Dazwischen entstanden Ozeane. Das Klima auf der Erde wurde kälter.

So sieht die Erde heute aus. Die Kontinente bewegen sich immer noch, aber das geht so langsam, dass du es nicht bemerkst.

Im Meer

Nicht nur das Land veränderte sich, sondern auch das Meer. Manche Experten vermuten, dass dadurch viele Millionen winzige Lebewesen im Meer, *Foraminifera* genannt, ausstarben und mit ihnen die Tiere, die sie fraßen.

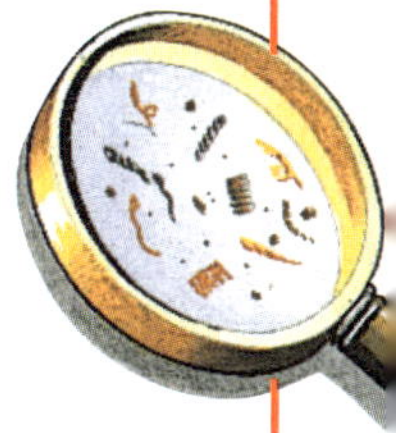

Foraminifera und viele andere Wassertiere starben mit den Dinosauriern aus.

Zu langsam

Die Kontinentalverschiebung geht sehr langsam vor sich. Für sich allein genommen erklärt sie nicht, warum die Dinosaurier so plötzlich ausgestorben sind.

Eine plötzliche Veränderung

Heute glauben die Wissenschaftler, dass die Saurier ausstarben, weil sich das Klima auf der Erde ganz plötzlich radikal verändert hat. Das könnte so gewesen sein:

Was hat das Nahrungsnetz zerstört?

Viele glauben, dass ein großer Gesteinsbrocken aus dem All, ein Asteroid, am Ende des Mesozoikums auf der Erde eingeschlagen hat.

Der Asteroid hatte vermutlich einen Durchmesser von 10–15 km.

Nichts mehr zu essen

Alle Lebewesen sind von ihrer Nahrung abhängig. Das nennt man Nahrungsnetz.

Raupen fressen Blätter.

Spitzmäuse fressen Raupen.

Eulen fressen Spitzmäuse.

Wenn das Nahrungsnetz der Saurier am Ende des Mesozoikums an irgendeiner Stelle Löcher bekommen hätte, wären sie ausgestorben. Hier siehst du warum:

Keine Pflanzen

Pflanzenfresser sterben aus.

Fleischfresser sterben aus.

Wo er einschlug

Es gibt Hinweise, dass er im heutigen Yukatan in Mexiko einschlug.

Man hat dort solche winzigen Glasperlen gefunden. Sie entstehen, wenn Gestein bei einem Asteroideneinschlag auf der Erde schmilzt.

Fehlendes Sonnenlicht

Alle Lebewesen in der Nähe des Asteroideneinschlags starben. Staub und Gase verpesteten die Luft auf der ganzen Welt. Das Sonnenlicht konnte nicht mehr durchdringen und die Welt wurde kalt und dunkel.

Ohne Sonnenlicht starben die Pflanzen ab.

Als die Pflanzen starben, wurde das Nahrungsnetz zerstört. Das ließ die Dinosaurier sterben und bald waren sie völlig verschwunden.

Wie Pflanzen wachsen

Du kannst selbst herausfinden, dass Pflanzen Sonnenlicht brauchen. Lege feuchtes Küchenpapier auf eine Untertasse und verteile Kressesamen darauf.

Stelle die Untertasse ans Licht, damit die Samen keimen können.

Decke einen Teil der Sprösslinge ab.

Nimm die Abdeckung nach einer Woche ab. Die Pflanzen ohne Sonnenlicht sind abgestorben.

Vulkane

Vor 65 Mio. Jahren gab es auch einige heftige Vulkanausbrüche im heutigen Indien. Sie könnten genauso viel Schaden angerichtet haben wie ein Asteroid.

Einige Experten glauben, dass der Staub und die giftigen Gase aus dem Vulkan die Sonne vielleicht auch verdunkelt haben könnten.

Zu heiß?

Als der Asteroid einschlug, wirbelte er winzige Wassertröpfchen mit dem Staub auf. Als sich der Staub wieder legte, blieb das Wasser in der Luft. Es fing die Sonnenwärme ein und heizte so die Erde wie ein gigantisches Gewächshaus auf.

Genau wie die Dinosaurier die Kälte nicht überlebt hätten, wären sie auch gestorben, wenn es zu heiß gewesen wäre.

Nach den Dinosauriern

Nicht alles war am Ende des Mesozoikums ausgestorben. Pflanzen wuchsen aus den Samen, die noch da waren, und bald traten andere Tiere an Stelle der Dinosaurier.

Es entwickelten sich immer mehr Vögel.

Manche Reptilien, Krokodile und Schildkröten zum Beispiel, lebten immer noch im Wasser.

Kleine Säugetiere lebten in den Bäumen und Wäldern.

Säugetiere

Säuger sind Tiere, die ihren Körper ständig warm halten können. Die meisten Säugetiere haben Fell oder Haare und legen keine Eier. Sie bekommen lebende Junge und füttern sie mit ihrer Milch.

Der *Purgatorius* lebte vor 70 Mio. Jahren, als es auch noch Dinosaurier gab. Vermutlich schlief er tagsüber und kam nachts heraus. Alle späteren Säugetiere haben sich aus Tieren wie ihm entwickelt.

Der *Purgatorius* hatte die Größe einer Ratte. Er fraß Insekten und ging nachts auf die Jagd, wenn die Dinosaurier schliefen.

Überleben

Der warme Körper der Säuger half ihnen, die Klimaveränderung zu überleben. Sie waren außerdem klein genug, um Löcher zu graben und sich darin vor Kälte oder Hitze in Sicherheit zu bringen.

Verschiedene Säugetiere

Die Zeit, nachdem die Dinosaurier ausgestorben waren, wird das Känozoikum genannt. Nun entwickelten sich viele verschiedene Arten von Säugetieren und starben wieder aus. Hier siehst du einige, die es heute nicht mehr gibt.

Säbelzahntiger waren gefährliche Jäger, genau wie unsere Tiger heute.

Der *Paraceratherium* war der größte an Land lebende Säuger. Er war 8 m hoch, sechsmal so hoch wie ein Mensch.

Eohippus war eines der ersten Pferde. Es hatte die Größe eines Fuchses.

Runter von den Bäumen

Menschen sind Säugetiere. Die meisten Wissenschaftler glauben, dass wir von affenähnlichen Lebewesen abstammen, die vor ungefähr 10 Millionen Jahren auf den Bäumen lebten.

Die ersten Menschen waren Jäger, die aufrecht auf zwei Beinen gehen konnten. Sie lernten Werkzeuge anzufertigen, Hütten zu bauen und Feuer zu machen.

Verwandte der Dinosaurier

Tuataras lebten vor über 150 Mio. Jahren, zur gleichen Zeit wie die Dinosaurier. In Neuseeland gibt es immer noch einige.

Tuatara

Buchfink

Die heutigen Vögel entwickelten sich aus urzeitlichen Vögeln wie dem Archäopteryx und ihr Skelett ist dem eines Sauriers immer noch sehr ähnlich. Das zeigt, dass die Vögel heute die nahesten Verwandten des Dinosauriers sind.

Heute

Nach den Dinosauriern sind noch viele andere Tierarten ausgestorben. Wenn heute eine Art ausstirbt, liegt es meist an den Menschen.

Bedrohte Wildtiere und Pflanzenwelt

Die größte Gefahr für sie droht, wenn die Menschen ihren Lebensraum schädigen oder verändern.

Auf Madagaskar hat man die Wälder, in denen die Lemuren leben, abgeholzt. Heute gibt es nur noch sehr wenige Lemuren.

Wenn Menschen giftige Chemikalien zurücklassen, ist das Umweltverschmutzung. Die Umwelt zu verschmutzen gefährdet sämtliche Lebewesen, die dort leben.

Öl im Meer tötet viele Seevögel, zum Beispiel Kormorane.

Jagd

Wenn Tiere zu viel gejagt werden, können sie ausgerottet werden. Normalerweise werden Tiere als Nahrung oder wegen ihres Fells gejagt.

Dodos wurden als Nahrung gejagt. Sie starben vor 300 Jahren aus.

Zusammenleben

Es ist wichtig, die Natur zu schützen. Alle Lebewesen sind miteinander durch Nahrungsketten verbunden. Wenn eines verschwindet, leiden viele andere darunter. Schlangen zum Beispiel fressen Ratten. In manchen Teilen Afrikas hat der Mensch zu viele Schlangen getötet. Bald gab es dort zu viele Ratten. Sie fraßen das Getreide der Menschen und dadurch litten die Menschen Hunger.

Warum können Vögel fliegen?

Kate Woodward
Entwickelt von Mary Forster
Illustrationen von Isabel Bowring

Überarbeitet von Philippa Wingate
Mit Dank an Katarina Dragoslavić
Beratung: Robin Hornet
Aus dem Englischen von Ellen Oberlies

Frühe Flieger

Einige der Lebewesen, die vor über 200 Mio. Jahren gleichzeitig mit den Dinosauriern lebten, konnten fliegen. Sie werden Flugsaurier genannt.

Flugsaurier hatten statt Federn lederartige Haut an den Flügeln. Aus diesem Grund werden sie nicht zu den Vögeln gezählt.

Einige Flugsaurier hatten Flügel mit 7 m Spannweite. Das ist fast so lang wie ein Bus.

Flugsaurier hatten Vogelschnäbel.

Keiner der Dinosaurier konnte fliegen.

Der erste Vogel

Das erste Tier, das die Wissenschaftler als Vogel bezeichnen, ist der Archäopteryx. Er lebte vor ca. 140 Mio. Jahren. Man geht davon aus, dass er sich aus Dinosauriern, die nicht fliegen konnten, entwickelt hat und nicht aus den Flugsauriern.

Er hatte ungefähr die Größe einer Krähe und besaß ein Federkleid am Körper und an den Flügeln.

Ein komischer Vogel

Der Hoatzin ist den ersten Vögeln sehr ähnlich. Er hat ungewöhnliche Krallen an den Flügeln, genau wie der Archäopteryx. Er lebt in Südamerika und ist ein Waldtier.

Wenn der Vogel erwachsen ist, fallen diese Krallen ab.

Vogelfossilien

Wissenschaftler haben die Überreste oder Versteinerungen von Archäopteryx-Exemplaren in einem Fels gefunden.

Er hatte Zähne. An seinen Flügeln hatte er Krallen, um auf Bäume zu klettern.

Verschiedene Vögel

Heute gibt es mehr als 8650 Vogelarten auf der Welt und sie sind alle unterschiedlich. Sie leben am kalten Nordpol genauso wie in den heißen tropischen Regenwäldern am Äquator.

Strauße leben in der Grassavanne in Afrika. Sie können nicht fliegen, dafür aber sehr schnell laufen.

Wellensittiche sind sehr beliebte Haustiere. Wilde Wellensittiche leben in großen Gruppen oder Schwärmen in Australien.

Gänse leben am Wasser.

Manche Pinguine leben in der Antarktis beim Südpol. Sie sind sehr gute Schwimmer, können jedoch nicht fliegen.

Der Vogelkörper

Um gut fliegen zu können, ist der Körper von Vögeln stromlinienförmig. Das heißt, dass sie eine Form haben, die sie leicht durch die Luft gleiten lässt. Hier lernst du die einzelnen Körperteile eines Vogels kennen.

Flügel

Vögel haben statt Vorderbeinen Flügel. Sie sind stark und leicht genug, um einen Vogel fliegen zu lassen, wenn er mit ihnen schlägt.

Federn bestehen aus Keratin, genau wie Haare.

Federn

Vögel sind die einzigen Tiere mit Federn. Kleine Vögel haben ungefähr 1000 Federn. Große können bis zu 25 000 haben.

Eier im Nest

Alle Vögel legen Eier. So müssen sie die Jungen nicht in ihrem Körper tragen, bis sie geboren werden.

Augen

Bei vielen Vögeln sitzen die Augen außen an den Kopfseiten, damit sie ein möglichst weites Gesichtsfeld haben.

Dieser Schnabel ist zum Fischfang geeignet.

Schnabel

Die Form des Vogelschnabels hängt von seiner Nahrung ab.

Hals

Vögel haben sehr bewegliche Hälse. Sie können ihren Kopf nach hinten drehen, damit sie sich mit ihrem Schnabel putzen können.

Ohren

Vogelohren kann man kaum sehen. Trotzdem hören sie sehr gut.

In einem Vogel

Wenn ein Vogel zu schwer ist, kann er nicht fliegen. Um ihn leichter zu machen, sind seine Knochen hohl. In ihnen ist Luft.

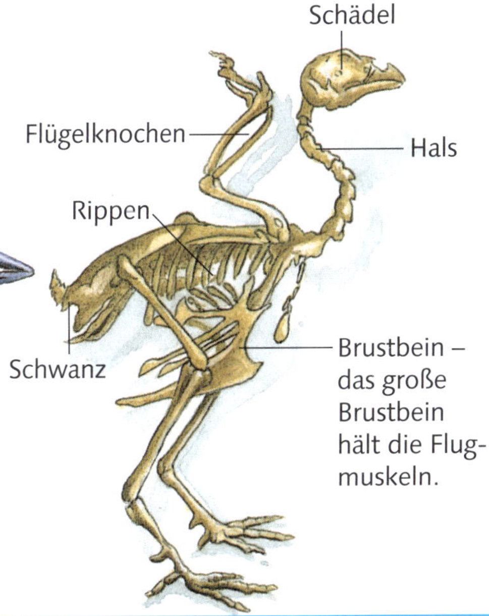

Füße

Vogelfüße können unterschiedliche Formen und Größen haben. Viele benutzen ihre Zehen, um sich an Zweigen festzuklammern.

Die Füße des Eisvogels sind mit schuppiger Haut bedeckt.

Das Blatthühnchen hat sehr lange Krallen, mit denen es über weichen Schlamm gehen kann.

Eine Gans hat Schwimmhäute, mit denen sie im Wasser paddeln kann.

Federn

Federn halten Vögel warm, wehren die Nässe ab und helfen ihnen beim Fliegen. Alle Vögel haben unterschiedliche Federn. Du kannst sie an diesem Erpel (männliche Ente) sehen.

Schwungfedern

Die längsten Federn befinden sich an den Flügeln. Ohne sie kann ein Vogel nicht fliegen.

Alle Federn zusammengenommen werden das Gefieder des Vogels genannt.

Daunen

Daunen sind sehr weich und liegen direkt auf der Haut des Vogels. Sie halten ihn warm.

Schwanzfedern

Vögel benutzen ihre Schwanzfedern zum Steuern, wenn sie in der Luft sind, und um das Gleichgewicht zu halten, wenn sie am Boden sind.

Stockente

Deckfedern

Die Deckfedern liegen ganz glatt über den Daunen. Sie sind so gut eingeölt, dass sie wasserdicht sind. Das verhindert, dass der Vogel kalt und nass wird.

Der Specht benutzt seinen Schwanz, um sich am Baumstamm abzustützen.

Mauser

Erwachsene Vögel verlieren immer wieder einige alte Federn auf einmal und neue wachsen nach. Das nennt man Mauser.

Säubern und putzen

Vögel verbringen viel Zeit damit, ihr Gefieder sauber und gesund zu halten. Sie ziehen jede einzelne Feder durch den Schnabel.

Roter Ara

Beim Putzen wird der Vogel winzige Insekten, z.B. Läuse, los, die sich in seinen Federn eingenistet haben.

Federfarben

Manche Vögel haben bunte Federn, damit sie auffallen. Das hilft ihnen, einen Partner zu finden.

Lori

Manche haben ein Federkleid, das sich ihrer Umgebung angepasst hat. So werden sie von Feinden nicht so leicht gesehen.

Waldhuhn

Ein Flamingo hat rosa Federn. Das kommt von seinem Futter.

Flamingo

Baden

Oft kann man sehen, wie kleine Vögel in Wasser oder Staub baden.

Ein Vogel wird Schmutz und Läuse los, wenn er sich im Staub wälzt.

Ein Vogelbad bauen

Kleine Vögel baden gerne. Mit dem umgedrehten Deckel einer Plastiktonne kannst du ein Vogelbad für euren Garten bauen. Fülle ihn mit Wasser.

Leihe in der Bücherei ein Vogelbuch aus, das dir hilft herauszufinden, welche Vögel zu euch kommen.

Zum Fliegen geschaffen

Drei Gruppen von Tieren können fliegen: Vögel, Fledermäuse und Insekten. Vögel sind auf Grund ihrer Flügelform die besten Flieger.

Kein Vogel

Eine Fledermaus ist kein Vogel, sondern ein Säugetier mit behaartem Körper. Zwischen Armen, Beinen und Schwanz spannen sich Flughäute.

Vogelmenschen

Früher haben Menschen versucht, wie Vögel zu fliegen. Sie bauten Flügel und befestigten sie an ihren Armen. Doch sie waren zu schwer, um fliegen zu können.

Der Flügel

Ein Vogelflügel hat eine spezielle Form, oben gerundet und darunter gebogen. Das nennt man Tragflächenform. Sie hilft dem Vogel, sich flatternd in die Luft zu heben.

Beim Fliegen zieht die Luft gleichmäßig über den Flügel hinweg.

Tragflächenform

Steinadler

Beim Flug

Ein Vogel schlägt mit seinen Flügeln vorwärts-abwärts. Die Federn werden zusammengehalten, um gegen die Luft zu schlagen. Der Vogel fliegt vorwärts.

Der Vogel bewegt seine Flügel nach hinten und oben, um einen weiteren Flügelschlag zu beginnen. Dabei sind die Federn gespreizt, damit die Luft hindurchziehen kann.

Um die Richtung zu ändern oder nach oben oder unten zu fliegen, stellt sich der Vogel schräg und bewegt Flügel oder Schwanz, um zu steuern.

Baue deine eigene Tragfläche

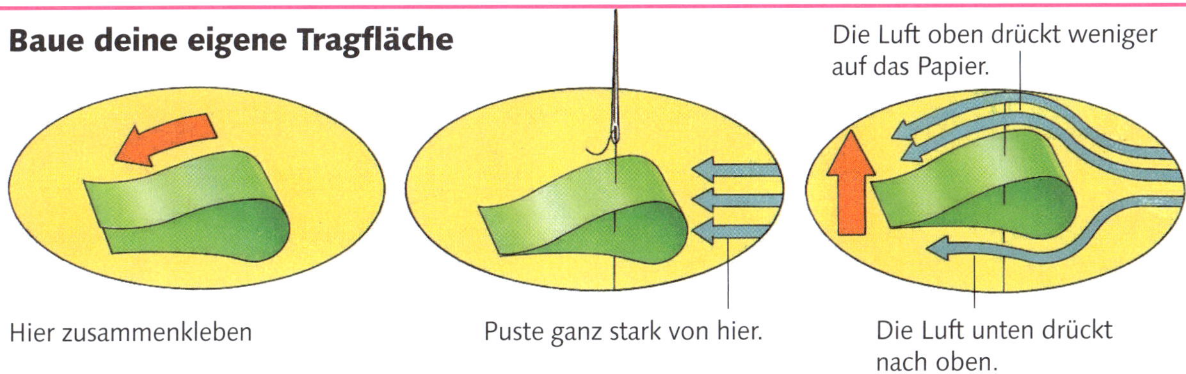

1. Biege ein langes Stück Papier zu einer Tragflächenform. Klebe die Enden und ein kleines Stück der Seiten zusammen.

2. Ziehe einen Faden durch die Mitte des Papiers. (Lass dir von einem Erwachsenen helfen!) Puste nun ganz stark gegen die gebogene Seite des Papiers. Was geschieht?

3. Die Luft streicht schnell über die Oberseite der Tragfläche. Hier drückt die Luft weniger gegen die Tragfläche als von unten. Deshalb geht die Tragfläche nach oben.

Verschiedene Arten zu fliegen

Die Flügelform verrät dir, wie ein Vogel fliegt. Zu jedem Vogel hier gibt es kleine Abbildungen ihrer Flügelform, die dir helfen, sie zu bestimmen.

Schnelle Schwalben

Eine Schwalbe hat gebogene, spitz zulaufende Flügel. Diese Tragflächenform lässt die Luft schnell über sie hinweggleiten. Schwalben schlagen sehr schnell mit den Flügeln, um vorwärts zu kommen.

Sie ziehen ihre kurzen Beine beim Fliegen dicht an den Körper, damit sie nicht bremsen.

Schwalben ruhen sich oft auf Telefonleitungen aus.

Der schnellste Vogel

Der Wanderfalke ist ein Jagdvogel. Er jagt andere kleinere Vögel und Tiere. Wenn er auf der Jagd ist, kreist er hoch oben am Himmel und hält Ausschau nach Beute.

Wenn er etwas entdeckt hat, kann er mit bis zu 350 km/h, die Flügel dicht am Körper, kopfüber nach unten stürzen. Dann ist er so schnell wie ein Rennauto. Man nennt das Herabstoßen.

Wenn er seine Beute erreicht hat, schwingt der Falke seine Füße nach vorne und schlägt sein Opfer mit den Krallen.

Langstreckenflieger

Viele Gänse, auch die Schneegans, fliegen große Strecken zu ihren Nistplätzen. Sie fliegen viele Stunden ohne Unterbrechung. Sie haben lange, breite Flügel, die sie nicht sehr schnell bewegen müssen.

Gänse geben beim Fliegen oft „Hupgeräusche" von sich.

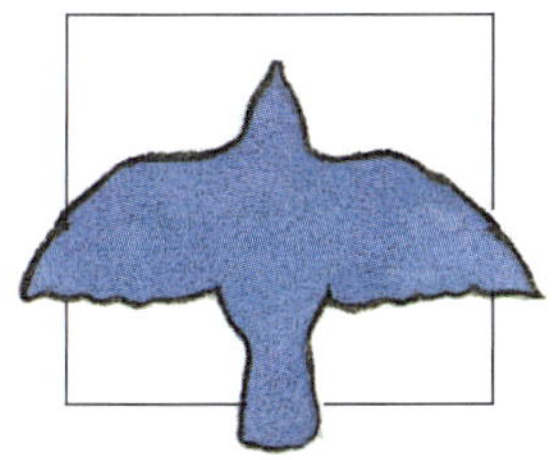

Aus dem Nest heraus

Wenn ein Vogeljunges groß genug ist, fliegt es aus dem Nest. Zuerst macht es kurze Übungsflüge von Strauch zu Strauch.

Eine Vogelmutter lockt ihre Jungen mit Futter aus dem Nest.

Kurze Flüge

Ein Eichelhäher hat kurze, stumpfe Flügel, mit denen er langsam schlägt. Das macht es einfach, um Bäume herum zu fliegen.

Vögel mit dieser Flügelform fliegen gewöhnlich nur kurze Strecken.

Mit dem Wind durch die Luft

Viele Vögel lassen sich vom Wind helfen. Manche halten ihre Flügel still und lassen sich vom Wind tragen. Andere schlagen mit den Flügeln gegen den Wind an, um auf der Stelle zu bleiben.

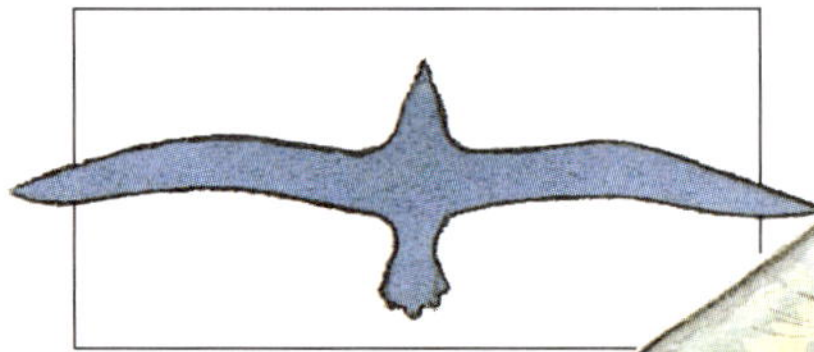

Mit dem Wind segeln

Viele große Vögel bleiben lange in der Luft, ohne mit den Flügeln zu schlagen. Das nennt man Segeln.

Der Albatross hat sehr lange, schmale Flügel, um schnell über dem Meer zu segeln.

Ein Albatross schlägt selten mit den Flügeln. Er kann so tagelang fliegen und nutzt dabei den Wind.

Die meiste Zeit verbringt er über dem Meer und wird außer von Seeleuten nur selten gesichtet.

Über dem Meer segeln

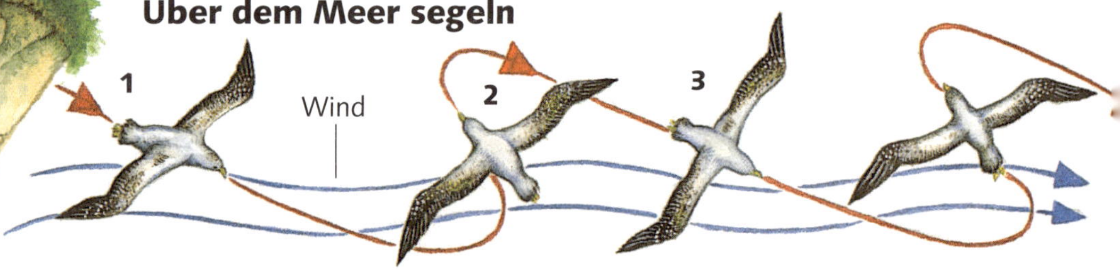

1. Der Vogel segelt mit dem Wind nach unten Richtung Meer.
2. Dann wendet er und fliegt schnell gegen den Wind nach oben.
3. Dann wendet er wieder und segelt mit dem Wind.

Hoch in den Lüften

Wenn die Sonne den Boden erwärmt, steigt die warme Luft spiralförmig nach oben. Das nennt man Thermik. Die meisten großen Raubvögel nutzen ihre langen Flügel und steigen mit der Thermik nach oben.

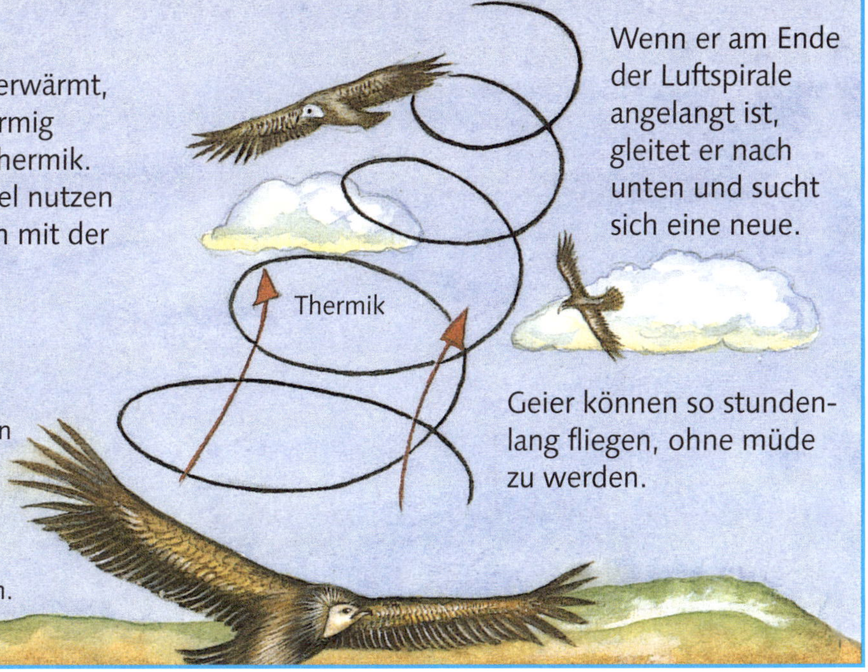

Wenn er am Ende der Luftspirale angelangt ist, gleitet er nach unten und sucht sich eine neue.

Geier können so stundenlang fliegen, ohne müde zu werden.

Der Vogel wird von der aufsteigenden warmen Luft getragen. Er muss nicht mit den Flügeln schlagen.

Auf der Stelle bleiben

Viele Vögel schlagen schnell mit den Flügeln gegen den Wind an, um auf einer Stelle zu bleiben. Das nennt man Stehen. Ein Kolibri macht das beim Fressen.

Bis zu 78-mal pro Sekunde schlägt er Bögen in Achterform.

Vogelbeobachtung

Versuche Vögel, die es bei dir gibt, an ihrer Flügelform zu erkennen. Zeichne sie auf und bestimme sie mit Hilfe eines Vogelführers.

Abheben und landen

Vögel können auf Bäumen, auf dem Wasser oder auf Felsvorsprüngen leben. Deshalb haben sie verschiedene Methoden loszufliegen und zu landen. Die meisten springen in die Luft, um abzuheben.

Laufen

Große Vögel sind zu schwer, um hochzuspringen. Dieses Blesshuhn muss lange und schnell übers Wasser laufen, bis es sich in die Luft schwingen kann.

Es streckt den Hals aus, damit es stromlinienförmig wird.

Die Brise nutzen

Kormorane nisten auf Felsklippen, wo es starken Seewind gibt. Sie springen mit ausgebreiteten Flügeln von der Klippe und lassen sich vom Wind tragen.

Kormorane leben in großen Gruppen, die man Kolonien nennt.

Faule Flieger

Fasane fliegen nicht gerne. Aber wenn sie aufgeschreckt werden, flattern sie mit ihren breiten Flügeln und steigen fast senkrecht auf.

Ihre Flügel sind kurz, damit sie nicht an Ästen und Zweigen hängen bleiben.

Auf einem Zweig landen

Alle Vögel müssen abbremsen, bevor sie landen können.

Ein Dompfaff landet, indem er seine Schwanzfedern wie einen Fächer ausbreitet.

Die Federn dienen als Bremse und lassen ihn langsamer werden.

Er streckt seine Beine nach vorne.

Er schlägt mit den Flügeln, um abzubremsen.

Seine Zehen umschließen bei der Landung den Ast, damit er nicht herunterfällt.

Während er sich zurechtsetzt, faltet er Schwanzfedern und Flügel wieder ein.

Wasserlandung

Der Schwan ist einer der schwersten Vögel, die fliegen können.

Schwäne landen auf dem Wasser. Sie strecken als Erstes ihre großen Schwimmfüße aus und drücken sie gegen die Wasseroberfläche. Das bremst sie schon vor der Landung ab. Sie sehen dann aus, als würden sie Wasserski fahren.

Vogelzug

Viele Vogelarten fliegen jedes Jahr um die halbe Welt. Man nennt sie Zugvögel. Sie machen diese lange Reise an einen wärmeren Ort, weil es dort viel Futter gibt.

Vögel auf dem Mond

Früher, als die Leute noch nicht wussten, wo die Vögel den Winter verbringen, dachten manche, dass sie zum Mond fliegen.

Sterne als Wegweiser

Vögel finden ihren Weg, indem sie sich tagsüber an der Sonne und nachts an den Sternen orientieren. Sie haben eine innere Uhr, die ihnen sagt, wann sie losfliegen müssen.

Schlechtes Wetter

Wenn sich die Sonne bei schlechtem Wetter hinter den Wolken versteckt, kann es passieren, dass sich die Vögel verirren.

Vor der Reise

Bevor sie losfliegen, müssen die Vögel viel fressen, um Energie für die Reise zu haben.

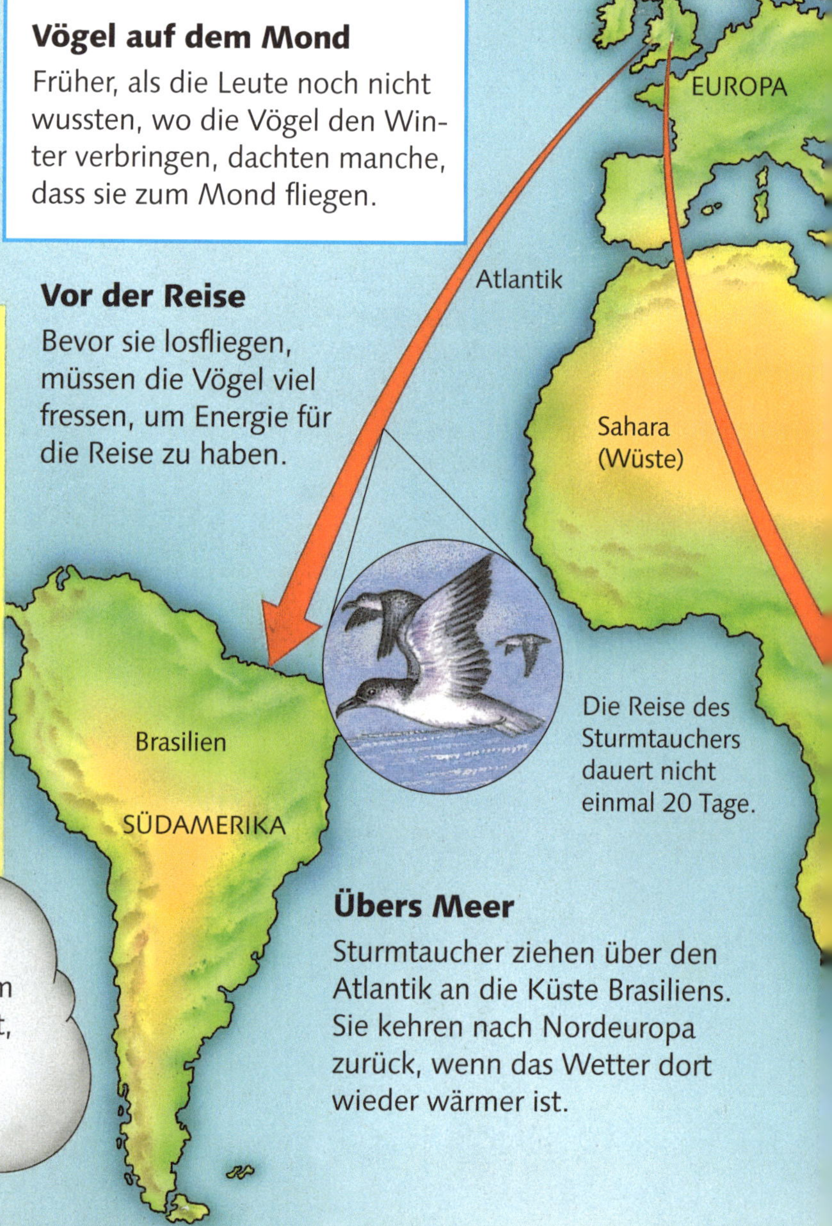

Die Reise des Sturmtauchers dauert nicht einmal 20 Tage.

Übers Meer

Sturmtaucher ziehen über den Atlantik an die Küste Brasiliens. Sie kehren nach Nordeuropa zurück, wenn das Wetter dort wieder wärmer ist.

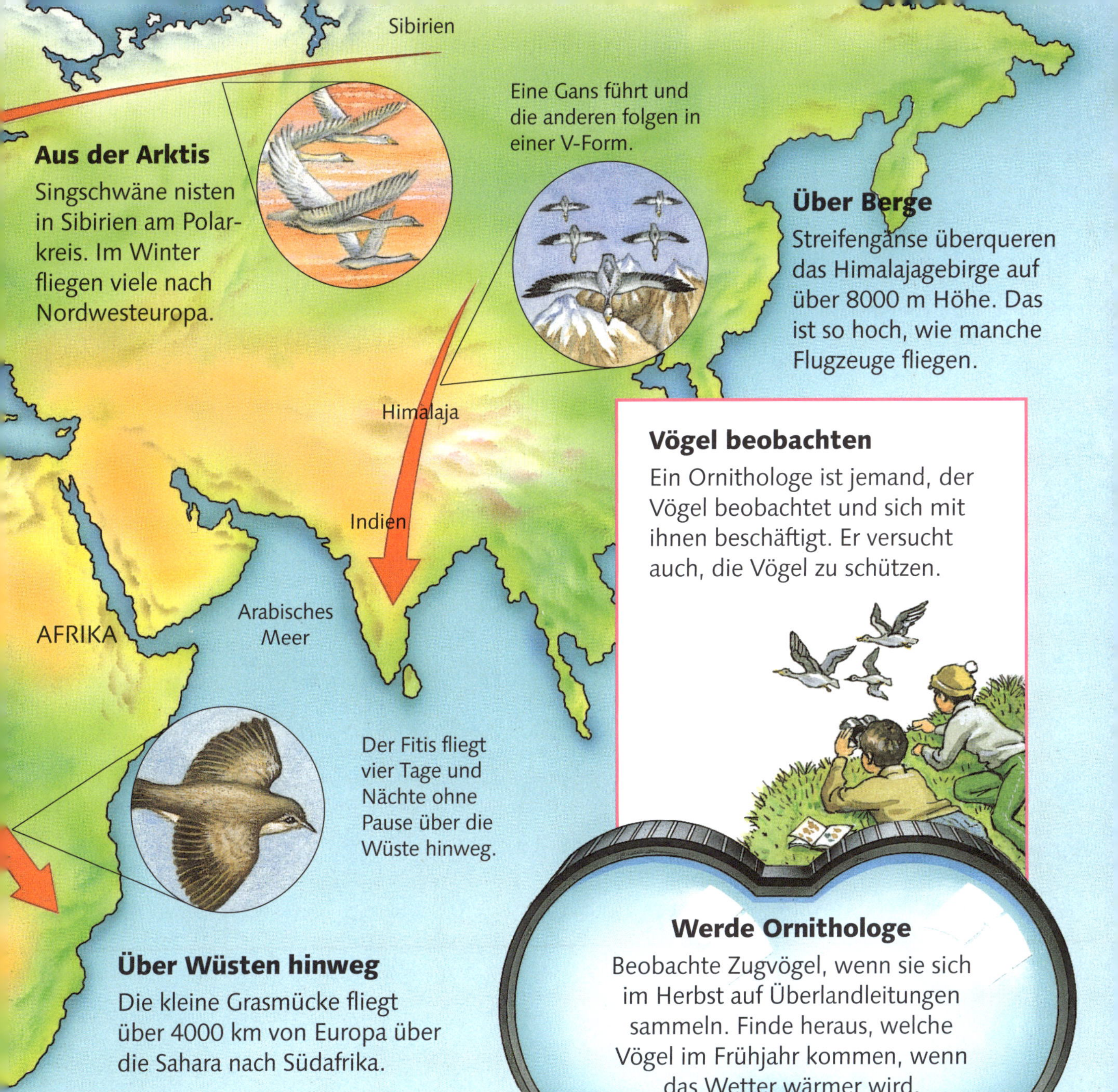

Aus der Arktis

Singschwäne nisten in Sibirien am Polarkreis. Im Winter fliegen viele nach Nordwesteuropa.

Über Berge

Streifengänse überqueren das Himalajagebirge auf über 8000 m Höhe. Das ist so hoch, wie manche Flugzeuge fliegen.

Vögel beobachten

Ein Ornithologe ist jemand, der Vögel beobachtet und sich mit ihnen beschäftigt. Er versucht auch, die Vögel zu schützen.

Über Wüsten hinweg

Die kleine Grasmücke fliegt über 4000 km von Europa über die Sahara nach Südafrika.

Werde Ornithologe

Beobachte Zugvögel, wenn sie sich im Herbst auf Überlandleitungen sammeln. Finde heraus, welche Vögel im Frühjahr kommen, wenn das Wetter wärmer wird.

Eulen

Die meisten Eulen fliegen tagsüber nicht viel herum. Das liegt daran, dass sie dann ruhen oder schlafen. Sie gehen nachts auf die Jagd.

Nachtjäger

Eulen können nachts besonders gut jagen. Ihre Flügel, Augen und Ohren sind so gebaut, dass sie im Dunkeln gut fliegen und jagen können.

Ein Waldkauz hat kürzere Flügel als die meisten Eulen, damit er zwischen Bäumen fliegen kann.

Eulen haben große Augen. Bei manchen Arten sind sie fast so groß wie Menschenaugen.

Ihre Ohren liegen hinter ihren Gesichtsfedern am Kopf.

Eulen haben scharfe, gekrümmte Schnäbel, mit denen sie ihre Beute tragen und zerreißen können.

Diese scharfen Krallen, Klauen genannt, sind zum Fangen und Töten von Beute besonders geeignet.

Eine Eule hat weiche Ränder an den Flügelfedern. Das lässt sie fast lautlos fliegen, damit andere Tiere sie nicht hören.

Eulen müssen geschützt werden

Eulen können ihre Heimat und ihre Jagdgründe verlieren, wenn Landwirte Bäume fällen, um neues Weideland zu schaffen. Du kannst herausfinden, welche Eulenarten gefährdet sind und wie du ihnen zusammen mit dem Vogelschutzbund helfen kannst. Informationen findest du in der Bücherei.

Jagd auf Futter

Die Schleiereule ist ein geschickter Flieger. Sie hat große, breite Flügel, mit denen sie langsam schlägt. Sie kann senkrecht auffliegen, plötzlich anhalten und auf der Stelle fliegen. All das braucht sie für die Jagd.

Schleiereule

Die Eule gleitet lautlos durch die Nacht, hält Ausschau und lauscht nach Geräuschen.

Wenn sie eine Maus hört, fliegt sie darüber und stoppt kurz. Dann stürzt sie sich darauf.

Im letzen Moment schwingt sie ihre scharfen Klauen nach vorne und fängt die Maus.

Warten auf Futter

Bevor sie fliegen können, warten die jungen Eulen im Nest darauf, dass ihre Eltern Futter heranschaffen.

Vögel, die nicht fliegen können

Es gibt einige Vogelarten, die nicht fliegen können. Sie haben andere Fortbewegungsarten gefunden, Schwimmen oder Laufen zum Beispiel.

Meister im Schwimmen

Pinguine können nicht fliegen, weil ihre Flügel eher Flossen ähneln. Sie benutzen sie zum Schwimmen.

Vögel, die es nicht mehr gibt

Der riesige Elefantenvogel lebte auf Madagaskar und der Dodo auf Mauritius, zwei Inseln vor der Küste Afrikas.

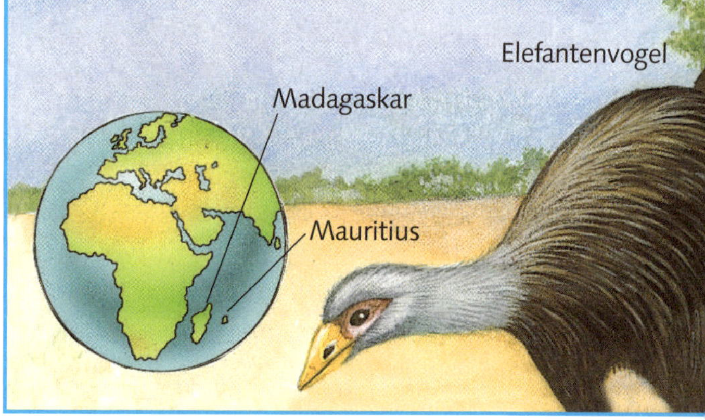

Ihre Flossen sind lang und dünn wie Paddel. Sie dienen dazu, sich unter Wasser fortzubewegen.

Pinguine haben eine dicke Schicht eng anliegender Federn, die ihren Körper bedecken und ihn im Südpolarmeer vor dem eiskalten Wasser schützen.

Sie schwimmen an der Oberfläche und tauchen nach unten, um Fische zu fangen.

Als sich dort Menschen niederließen, jagten sie die Vögel und stahlen ihre Eier. Bald waren keine Vögel mehr übrig.

Sie konnten sich nicht fliegend in Sicherheit bringen, weil sie so winzige Flügel hatten.

Kormorane, die nicht fliegen

Kormorane auf den Galapagosinseln haben keine Feinde. Sie haben die Fähigkeit zu fliegen verloren, weil sie sie nicht mehr brauchen.

Sie finden im Meer vor den Inseln jede Menge Futter.

Adeliepinguine laufen oft in einer Reihe hintereinander her.

Sie watscheln beim Gehen und benutzen ihre Flossen zum Gleichgewichthalten.

Zu schwer zum Fliegen

Ein Strauß ist etwa 2,5 m hoch und wiegt 150 kg. Das ist fast doppelt so viel wie ein erwachsener Mensch. Er ist zu schwer zum Fliegen, doch er kann sehr schnell rennen.

Vögel, die mehr als 15–20 kg wiegen, sind zu schwer zum Fliegen.

Flugkünstler

Auf diesen Seiten findest du eine Menge über erstaunliche Flugkünstler.

Non-stop-Flieger

Mauersegler können bis zu drei Jahre ununterbrochen fliegen. Sie fressen, trinken, baden und schlafen fliegend.

Ein Mauersegler wurde 16 Jahre alt. Er könnte in dieser Zeit 8 Mio. Kilometer zurückgelegt haben. Dann wäre er 200-mal um die Erde geflogen.

Der größte fliegende Vogel

Der Andenkondor ist der größte fliegende Vogel auf der Welt. Seine Spannweite von einer Flügelspitze zur anderen beträgt 3,2 m. Er nutzt sie, um mit der Thermik zu fliegen.

Seine Flügel sind fast viermal so lang wie deine ausgestreckten Arme.

Die Weitgereisten

Die arktische Seeschwalbe reist am weitesten. Sie fliegt jedes Jahr vom Nordpolarkreis zur Antarktis und zurück, um jeweils die Sommer an den Polen zu verbringen.

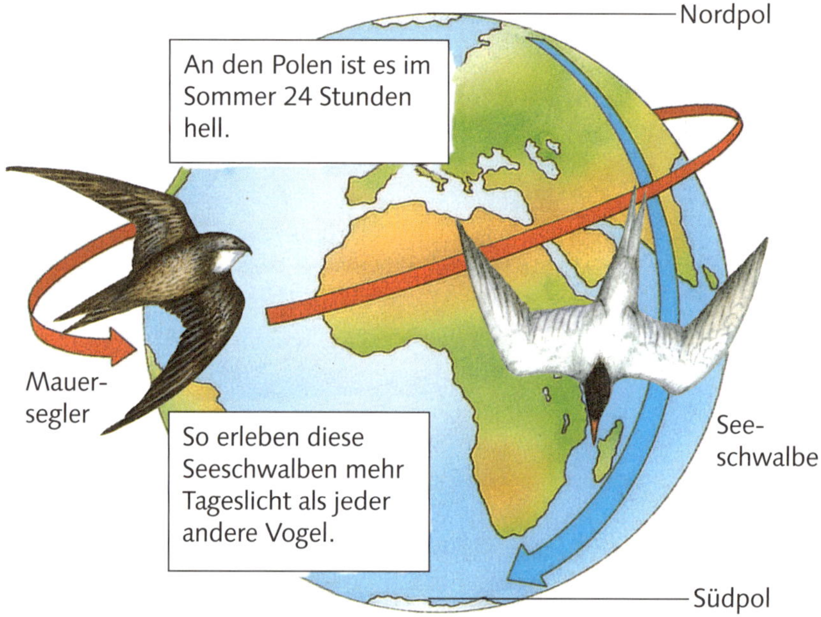

Der kleinste Vogel

Die Bienenelfe (Kolibri) in Kuba ist der kleinste Vogel der Welt. Er misst nur 57 mm vom Schnabel bis zur Schwanzspitze.

Warum haben Tiger Streifen?

Mike Unwin
Entwickelt von Sharon Bennet
Illustrationen von Robert Morton, Steven Kirk, Gillian Miller, Robert Gillmor, Treve Tamblin und Stuart Trotter

Herausgegeben von Helen Edom und überarbeitet von Philippa Wingate
Mit Dank an Non Figg und Katarina Dragoslavić
Beratung: Dr. Margaret Rostron
Aus dem Englischen von Ellen Oberlies

Eine farbige Welt

Viele Tiere, Tiger zum Beispiel, haben interessante Farben und Zeichnungen. Dieser Teil erklärt, warum Farben und Zeichnungen für alle möglichen Tiere, vom wildesten Tiger bis zum völlig hilflosen Insekt, nützlich sind.

Ein Tiger hat Streifen. Kennst du noch andere Tiere mit Streifen?

Passende Farben

Viele Tiere haben sich mit Farbe ihrer Lebenswelt angepasst. Die Oryxantilope lebt in der Wüste. Ihre blasse Farbe passt zum sandfarbenen Hintergrund.

In der Wüste gibt es wenig Möglichkeiten, sich vor Feinden zu verstecken. Sandfarbene Tiere sind schwer auszumachen, weil sie sich nicht abheben. Farben und Muster, die Tieren helfen, sich zu verstecken, nennt man Tarnung.

Manche Wüstenbewohner leben in Löchern. Wenn sie herauskommen, schützt sie ihre Tarnfarbe vor Jägern wie Habicht oder Fuchs.

Die Oryxantilope ist sandfarben wie die Wüste.

Versteckte Jäger

Die meisten Tiere laufen davon, wenn sie einen Jäger herannahen sehen. Tarnfarben helfen den Jägern, unerkannt zu bleiben und so andere Tiere zu fangen.

Schnee-Eulen leben in der Arktis, wo es viel Schnee gibt. Sie jagen Lemminge. Die weißen Federn der Eule heben sich nicht vom Schnee ab. Es ist schwer für Lemminge, die Eulen zu sehen.

Weiße Federn heben sich nicht vom Schnee und vom Himmel ab.

Lemminge

Grün wie Blätter

Viele Tiere, die im Regenwald leben, sind grün wie die Blätter der Bäume. Diese Tarnung macht es schwer, sie zu finden.

Schau dir den grünen Laubfrosch in diesem Bild an. Wie viele andere Tiere entdeckst du noch?

Laubfrosch

Blaue Gewässer

Tarnung ist auch im Meer wichtig. Viele Haiarten und auch andere Fische sind blau oder grau, um sich unter Wasser nicht vom Hintergrund abzuheben.

Blauhai

Muster

Farben sind nicht die einzige Möglichkeit, sich zu tarnen. Muster können Tieren ebenfalls helfen, sich zu verstecken.

Formen aufbrechen

Ein Tiger im Zoo wirkt groß und leuchtend und ist leicht für dich zu finden. Aber im Wald oder im hohen Gras, wo er jagt, kann ein Tiger ziemlich schwer zu entdecken sein. Die Tigerstreifen geben ihm im hohen Gras eine gute Tarnung. Dies hilft ihm, sich an Tiere anzuschleichen.

Schwarz-Weiß Sehen

Dieses Schwarz-Weiß-Bild zeigt, wie eine Antilope einen Leoparden sieht.

Wie die Antilope können viele Tiere keine Farben sehen. Deshalb ist es für sie sehr schwierig, ein Tier wie den Leoparden, der sich durch seine Zeichnung in den Hintergrund einfügt, zu sehen.

Auf der Lauer

Die Gabunviper ist eine Schlange, die auf dem Boden afrikanischer Wälder lebt. Ihr kompliziertes Muster macht es schwer, sie im Laub zu entdecken.

Aus der Ferne

Der Sandregenpfeifer lebt am Strand. Aus der Nähe ist seine Zeichnung sehr auffällig. Doch aus der Ferne könnte man sein Muster für Kieselsteine halten.

Regenpfeifer

Der Regenpfeifer scheint im steinigen Hintergrund zu verschwinden. Feinde sehen ihn nur, wenn sie ganz nahe dran sind.

Seetang-Tarnung

Der Lappenfisch hat seltsame Hautlappen, die von seinem Körper abstehen. Das verwischt seine Körperform in seiner Lebenswelt, dem Seetang, fast perfekt.

Wenn Menschen sich verstecken

Soldaten tragen besonders gemusterte Uniformen. Dadurch heben sie sich, genau wie die Tiger, nicht so sehr vom Hintergrund ab.

Licht und Schatten

Licht und Schatten können Tiere von ihrem Hintergrund abheben.

Ganz flach

Dieser Vogel ist gut getarnt, doch seinen Schatten sieht man noch. Am Tag werfen alle Dinge einen Schatten. Das hilft dir, sie zu entdecken.

Schatten

Der Schatten verschwindet.

Der Vogel legt sich flach auf den Boden, damit er kleiner wirkt. So verschwindet sein Schatten und er ist für seine Feinde noch schwieriger zu finden.

Hautlappen am Schwanz des Geckos lassen ihn flach wirken.

Flache Formen

Manche Tiere haben abgeflachte Körper. Ihre Feinde finden sie nicht, weil sie kaum Schatten werfen.

Dieser Gecko lebt auf Baumstämmen. Er hat einen flachen Körper mit Hautlappen, die auf der Baumrinde aufliegen. Das hilft ihm, nicht gesehen zu werden.

Hell und dunkel

Oft erkennt man Dinge, weil sich das Licht in ihnen spiegelt.

Die Sonne lässt die Oberfläche des Steines heller wirken. Sie hebt sich gegen den Hintergrund ab.

Unten kommt kein Sonnenlicht hin. Deshalb sieht er hier dunkler aus als sein Hintergrund.

Wie viele andere Tiere sind Impalas am Rücken dunkler als am Bauch. Das ist genau anders herum, als Licht und Schatten auf einem Körper zu sehen sind. So ist die Impala nicht so leicht zu erkennen.

Von unten

Wie die Papageientaucher sind viele Wasservögel am Bauch weiß. Papageientaucher schwimmen auf dem Wasser und tauchen hinab, um Fische zu fangen.

Unter Wasser wirkt die Wasseroberfläche durch das Sonnenlicht hell. So können Fische die Papageientaucher kaum sehen. Ihr weißer Bauch tarnt sie mit dem hellen Sonnenlicht.

Spiegel als Tarnung

Wie der Hering haben viele Meeresfische silbrige Schuppen an den Seiten und am Bauch. Unter Wasser funktionieren die Schuppen wie kleine Spiegel. Sie reflektieren die Farbe des Wassers und die Fische werden so fast unsichtbar.

Verkleidet

Manche Tiere sehen wie andere Dinge aus. Das hilft ihnen beim Verstecken. Diese Insekten hier haben alle Verkleidungen, mit denen sie sich im Wald verstecken können.

Diese Raupe sieht aus wie Vogelkot, damit kein Tier sie fressen möchte.

Die Dornwanze sieht genau wie ein Dorn an einem Zweig aus.

Die gefalteten Flügel des Dukatenfalters sehen wie Laub auf dem Waldboden aus.

Die Stabheuschrecke sieht genau wie kleine Äste aus.

Aufrecht stehen

Tiere können ihre Tarnung durch ihr Verhalten verstärken. Dieser Vogel hat die Farben von Baumrinde. Wenn er in Gefahr ist, streckt er den Schnabel in die Luft und sieht dann wie ein toter Ast aus.

Tödliche Pflanzen

Die Gottesanbeterin ist ein Jagdinsekt. Ihr Körper hat dieselbe Farbe und Form wie die Blüten, in denen sie sich versteckt.

Andere Insekten, die auf der Blüte landen, sehen die Gottesanbeterin nicht.

Wie ein Stück Holz

Ein Krokodil kann im Wasser wie ein Stück Treibholz aussehen. Diese Tarnung hilft ihm, Antilopen, die zum Trinken ans Wasser kommen, zu fangen.

Die raue Haut des Krokodils sieht wie alte Baumrinde aus.

Verkleidungen

Manche Tiere tarnen sich mit Gegenständen. Diese Krabbenart lebt auf dem Meeresgrund. Sie hält einen Schwamm auf ihren Hinterfüßen.

Das hilft der Krabbe, wie ein Teil des Meeresbodens auszusehen.

Die Antilopen bemerken das Krokodil nicht. Wenn es nah genug gekommen ist, schnappt es sich mit seinem riesigen Maul eine Antilope und zieht sie ins Wasser.

Überraschungen

Manche Tiere verjagen ihre Jäger mit überraschenden Tricks. Sie benutzen dazu oft Farben oder Muster.

Furcht erregende Augen

Viele Jäger bekommen Angst, wenn sie plötzlich riesige Augen vor sich sehen.

Die Raupe des Schwalbenschwanzes hat ein Muster, das wie Augen aussieht. Vögel glauben dann, ein viel größeres, gefährlicheres Tier vor sich zu haben, und lassen die Raupe in Ruhe.

Ein bunter Blitz

Dieser Falter kann sich auf Rinde gut tarnen. Wenn er aber von einem Vogel entdeckt wird, öffnet er die Flügel und zeigt das leuchtende Rot darunter.

Dieses plötzliche rote Aufleuchten erschreckt den Vogel. Er lässt den Falter in Ruhe.

Am Ziel vorbei

Die Flügel dieses Schmetterlings sehen so aus, als hätte er dort einen Kopf. Vögel picken zuerst einmal an den Flügeln und so hat der Schmetterling Zeit zu entkommen.

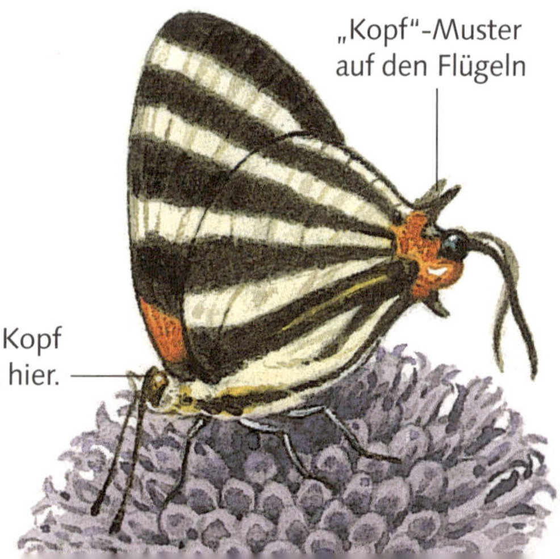

Aufplustern

Manche Tiere geben vor, größer zu sein, als sie sind, um Feinde auszutricksen. Die Langohreule breitet ihre Flügel aus und plustert sich auf, um Feinde abzuschrecken.

Diese Eule sieht doppelt so groß aus, wie sie ist.

Tot stellen

Wie der Habicht greifen manche Jäger nur lebende Tiere an. Das Opossum stellt sich tot, wenn es in Gefahr ist. Wenn die Gefahr vorüber ist, steht es wieder auf.

Wenn sich ein Opossum tot stellt, legt es sich mit geöffnetem Maul auf die Seite.

Zwei Gesichter

In Indien greifen Tiger manchmal Bauern an. Tiger haben Angst vor Menschengesichtern und greifen deshalb von hinten an. Die Bauern tragen Masken am Hinterkopf, um die Tiger abzuschrecken.

Abschreckende Farben

Manche Tiere versuchen erst gar nicht, sich zu verstecken. Sie haben helle Farben und eine auffällige Zeichnung, damit sie gesehen werden. Diese Farben sollen ihre Feinde warnen.

Sich an Farben erinnern

An ein schwarz-gelbes Muster können sich Tiere gut erinnern. Wespen sind schwarz-gelb. Sie können Feinden schmerzhafte Stiche zufügen.

Schwarz und Gelb sind Warnfarben.

Wenn ein Jungvogel von einer Wespe gestochen wird, wird er sich immer an ihre Farben erinnern. Er wird nicht noch einmal versuchen, eine Wespe zu fangen, weil er weiß, dass schwarz-gelbe Dinge wehtun.

Bienen fressen

Ganz wenige Vögel, zum Beispiel der Bienenfresser, haben eine Methode gefunden, Bienen zu fressen, ohne gestochen zu werden. Sie lassen sich nicht von den Warnfarben abschrecken. Bienenfresser schlagen die Biene gegen einen Ast, sodass der Stachel herauskommt und abbricht.

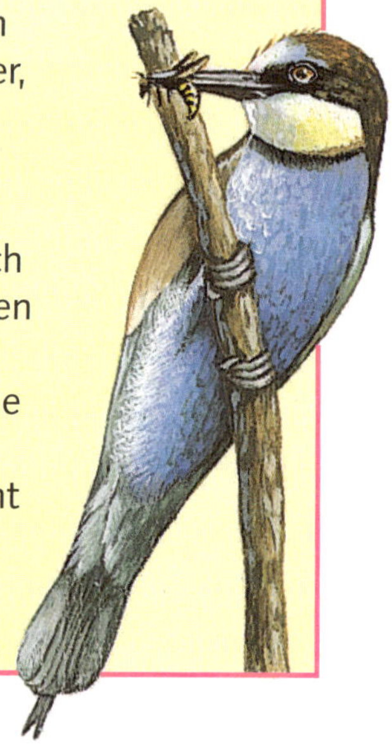

Gesehen werden

Viele giftigen Tiere flüchten nicht. Stattdessen zeigen sie ihren Feinden ihre Warnfarbe.

Der tödlich giftige Pfeilgiftfrosch hüpft nicht wie andere Froscharten vor Feinden davon. Er kriecht langsam umher, damit er besser gesehen wird.

Angriffslustig in Schwarz und Weiß

Der Honigdachs ist eine afrikanische Dachsart. Sein weißer Rücken macht ihn sehr auffällig. Obwohl er recht klein ist, kann er sehr gut kämpfen und hat keine Angst vor anderen Tieren.

Der Honigdachs hat ein starkes Gebiss und scharfe Krallen.

Der Honigdachs muss sich nicht wie andere Tiere vor Gefahren hüten. Seine Farben warnen Feinde.

Stinkende Warnung

Stinktiere sind kleine Tiere mit auffälliger Zeichnung. Sie können ihre Angreifer, zum Beispiel Hunde, mit einer ekelhaft stinkenden Flüssigkeit besprühen.

Ein geflecktes Stinktier stellt sich auf seine Vorderbeine und zeigt so sein gemustertes Fell.

Das warnt den Hund davor, näher zu kommen. Ignoriert der Hund diese Warnung, wird er vom Stinktier besprüht.

Signale für Menschen

Menschen benutzen genau wie Tiere Warnfarben. Rot bedeutet „heiß", „stopp" oder „Gefahr".

Dieser rote Wasserhahn hält dich an, vorsichtig zu sein, weil das herausfließende Wasser heiß ist.

Farben kopieren

Manche Tiere überleben, weil sie Farben und Zeichnungen von anderen Tieren übernommen haben.

Giftig oder nicht?

Kannst du diese beiden Schlangen auseinander halten?
Die Korallennatter ist sehr giftig.
Die leuchtenden Farben dienen zur Warnung.

Korallennatter

Die Dreiecksnatter sieht zwar wie eine Korallennatter aus, ist aber überhaupt nicht giftig. Wenn du genau hinschaust, siehst du, dass ihre Muster etwas anders sind.

Dreiecksnatter

Andere Tiere trauen sich nicht, die Dreiecksnatter anzugreifen, weil sie wie die giftige Korallennatter aussieht.

Ist eine Wespe dabei?

Einige Insekten sehen wie Wespen aus, obwohl sie gar keinen Stachel haben. Die meisten Tiere greifen diese Insekten nicht an, weil die Farben sie an Wespen erinnern.

1 Schwebfliege
2 Käfer
3 Falter

Alles Ameisen?

Die meisten Tiere lassen Ameisen in Ruhe, weil sie beißen und stechen. Eine Spinnenart täuscht ihre Feinde, indem sie wie eine Ameise aussieht und sich auch so verhält.

Die Spinne streckt zwei ihrer acht Beine nach oben. Es sieht so aus, als habe sie sechs Beine wie eine Ameise.

Näher herankommen

Der Putzer-Lippfisch hilft größeren Fischen, indem er sie von Schmutz und Läusen befreit.

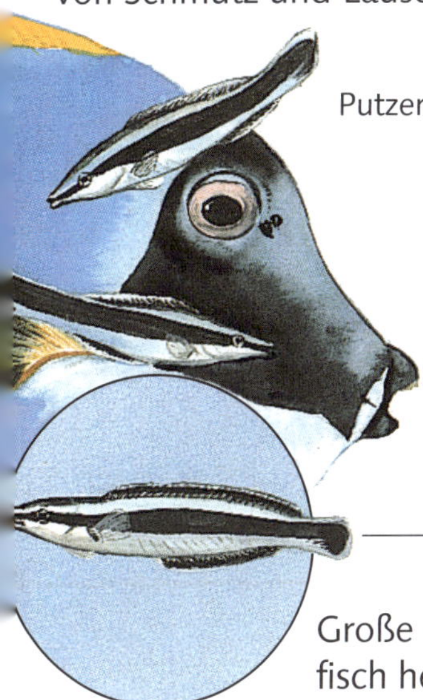

Der Schleimfisch sieht wie ein Putzer-Lippfisch aus, ist aber in Wirklichkeit ein Jäger, der so andere Fische austrickst.

Große Fische lassen den Schleimfisch herankommen, weil sie ihn für einen Putzerfisch halten. Doch der Schleimfisch greift sie an und beißt Stücke aus ihren Flossen heraus.

Wessen Ei ist es?

Kannst du erkennen, welches Ei nicht dazugehört?

Das mittlere ist das Kuckucksei. Die anderen sind vom Teichrohrsänger.

Der Kuckuck legt sein Ei in das Nest eines Teichrohrsängers. Es hat dieselbe Farbe wie dessen Eier. Der Teichrohrsänger denkt, es sei sein eigenes Ei, und kümmert sich darum.

Signale

Manche Tiere nutzen Farben und Muster als Signale untereinander.

Gefahr

Kaninchen haben kurze, weiche, weiße Schwänze. Wenn ein Kaninchen einen Feind, zum Beispiel den Fuchs, entdeckt, hoppelt es schnell zu seinem Bau und zeigt dabei seinen weißen Schwanz.

Der hüpfende weiße Schwanz ist ein Signal für die anderen Kaninchen, dass Gefahr droht.

Folge dem Anführer

Kattas (eine Lemurenart) haben lange, schwarz-weiß geringelte Schwänze. Wenn sich eine Gruppe Kattas fortbewegt, strecken sie ihre Schwänze wie Fahnen in die Höhe.

Die Schwänze helfen ihnen sich zu finden und zusammenzubleiben. Sie sagen ihnen: „Folge mir!"

Wütend werden

Tiger haben große weiße Flecken auf den Ohren. Wenn ein Tiger wütend auf einen anderen ist, dreht er die Rückseite seiner Ohren nach vorne und zeigt die weißen Flecken.

Die weißen Flecken sind ein Zeichen, das anderen Tigern rät, sich fern zu halten.

Anders aussehen

Farben machen es einfacher, ähnlich aussehende Tiere auseinander zu halten. Das hilft den Tieren, ihre Artgenossen zu erkennen.

Distelfink

Buchfink

Das sind die Flügel von zwei verschiedenen Finkenarten. Sie haben dieselbe Größe und Form, doch Zeichnung und Farbe helfen, sie auseinander zu halten.

Gefüttert werden

Vogelbabys warten im Nest darauf, dass ihre Eltern Futter bringen. Die Schnäbel der Vögelchen sind innen hellgelb.

Diese Meisenjungen haben orangefarbene Münder.

Wenn ein Elternvogel mit Futter kommt, reißen die Jungen den Schnabel weit auf, um die Farbe innen zu zeigen. Das ist ein Signal für die Eltern: „Füttere mich!"

Menschen und Farben

Menschen benutzen ebenfalls Farben, um sich unterscheiden zu können. Alle Sportmannschaften tragen ihre eigenen Farben. So werden sie nicht miteinander verwechselt.

Verschiedene Fußballmannschaften tragen unterschiedliche Farben.

Geheimnisvolle Lichter

Der Hochgucker lebt tief unten am dunklen Meeresgrund. Er hat kleine Flecken am Körper, die immer wieder aufleuchten.

Wissenschaftler vermuten, dass die Lichter den Hochguckern helfen könnten, sich gegenseitig zu erkennen.

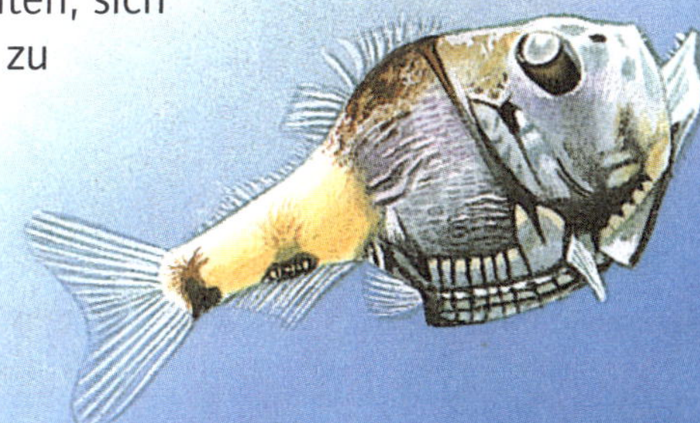

Hier wird uns etwas vorgemacht!

Viele männliche Tiere haben bunte Farben, die sie für die Weibchen attraktiver aussehen lassen sollen. Das bringt Männchen und Weibchen dazu, sich zu vermehren.

Bunt oder Braun

Vogelmännchen und -weibchen sehen oft unterschiedlich aus.

Das Goldfasanmännchen hat schöne bunte Federn, die es herzeigt, um dem Weibchen zu gefallen.

Das Fasanenweibchen hat viel gedecktere Farben. Das hilft ihm, sich zu verstecken und so seine Eier und seine Küken zu schützen.

Riskante Farben

Bunte Farben können auch Feinde anziehen. Im Frühjahr kann man die bunten Federn des Paradiesvogels gut sehen und beim Davonfliegen ist sein langer Schwanz hinderlich.

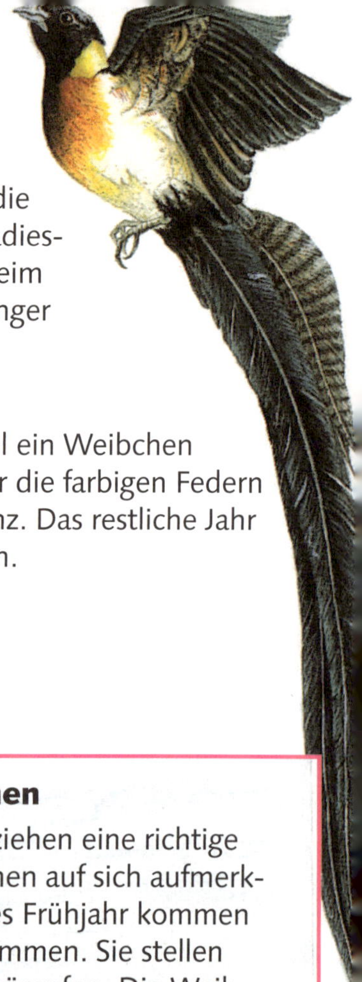

Wenn der Paradiesvogel ein Weibchen gefunden hat, verliert er die farbigen Federn und den langen Schwanz. Das restliche Jahr über ist er einfach braun.

Eine Show abziehen

Manche Männchen ziehen eine richtige Show ab, um Weibchen auf sich aufmerksam zu machen. Jedes Frühjahr kommen die Kampfläufer zusammen. Sie stellen ihre Federn auf und kämpfen. Die Weibchen wählen diejenigen Männchen, die die beste Show abziehen.

Drei Kampfläufer streiten miteinander.

Bunte Echsen

Das Männchen dieser Echsenart hat einen orangefarbenen Hautlappen an der Kehle. Normalerweise ist er eingefaltet. Aber manchmal bläst er ihn auf und nickt mit dem Kopf, um die Farbe zu zeigen.

Die bunte Kehle zieht Weibchen an. Sie warnt außerdem andere Männchen davor, näher zu kommen.

Wilde Gesichter

Der Mandrill ist eine afrikanische Affenart. Die Männchen haben bunte Gesichter, die noch farbiger werden, wenn sie ein Weibchen suchen. Das größte und stärkste Männchen hat auch das farbigste Gesicht.

Das Weibchen sucht sich das Männchen mit dem farbigsten Gesicht aus. Die anderen Männchen halten sich von ihm fern.

Farbiges sammeln

Das Laubenvogel-Männchen lockt Weibchen an, indem es eine hohe Laube aus Ästen baut, die es dann mit Muscheln, Blumen und bunten, glänzenden Dingen dekoriert.

Das Laubenvogel-Weibchen sucht sich das Männchen mit der besten Laube aus. Dann baut es ein Nest und legt seine Eier.

Wie Farben entstehen

Fell, Federn, Schuppen oder Haut können alle möglichen Farben haben. Die Tiere bekommen diese Farben auf unterschiedliche Weise.

Farbe durchs Futter

Flamingofedern werden von einem Farbstoff namens Karotin, den man in vielen Pflanzen findet, rosa. Flamingos nehmen Karotin auf, wenn sie kleine Wassertiere fressen. Diese Wassertiere haben vorher die Pflanzen mit Karotin gefressen.

In Zoos sind Flamingos oft nicht so rosa wie in der freien Natur, weil sie nicht so viel Karotin über ihr Futter aufnehmen.

Schillernde Farben

Wie der Sonnenvogel haben viele andere Vögel auch bunt schillernde Federn. Sie verändern ihre Farbe, wenn das Licht aus einer anderen Richtung auf sie fällt.

Die Farben des Sonnenvogels wechseln von Blau zu Grün, wenn das Licht auf ihn fällt.

Wegen ihrer Farben umgebracht

Manche Schlangenarten werden immer seltener, weil sie von den Menschen wegen ihrer schönen Haut getötet werden.

Diese Tasche wurde aus der Haut eines Pythons gemacht.

Grün werden

Für gewöhnlich haben Tiere kein grünes Fell. Dieses Faultier hier sieht trotzdem grün aus. Das kommt daher, dass winzige kleine Pflanzen, Algen genannt, in seinem Fell wachsen.

Puzzle

Schmetterlingsflügel bestehen aus tausenden kleiner bunter Schuppen, die ein Muster ergeben.

So sieht der Flügel eines Pfauenauges aus der Nähe aus. Siehst du, wie die Schuppen in Reihen angeordnet sind?

Schwarzes Fell

Tiere haben einen Farbstoff namens Melanin im Körper. Melanin macht die dunklen Farben auf der Haut und im Fell.

Ein Panter ist eigentlich ein Leopard mit außergewöhnlich viel Melanin. Sein Fell ist schwarz. Aber wenn man genau hinsieht, kann man seine Flecken erkennen.

Ganz weiß

Manche Tiere kommen ganz weiß auf die Welt. Sie haben kein Melanin und können deshalb keine Farbe produzieren. Sie werden Albinos genannt.

Eine Albinokrähe hat weiße Federn.

Veränderungen

Manche Tiere können ihre Farbe verändern. Chamäleons sind Echsen, die ihre Hautfarbe dem Hintergrund anpassen können.

Dieses Chamäleon ist grün gemustert, wenn es sich zwischen Blättern versteckt.

Auf Sandboden wird dasselbe Chamäleon braun. Es ist immer sehr schwer auszumachen.

Seezungentarnung

Die Seezunge ist ein Plattfisch. Sie versteckt sich, indem sie sich flach an den Meeresboden drückt. Ihre Farbe passt sich dem Boden an.

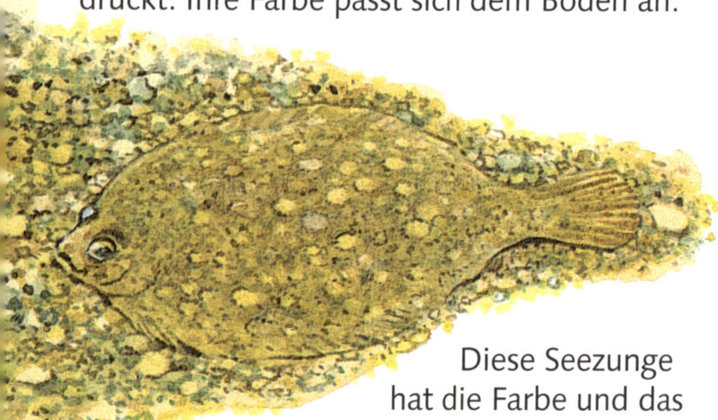

Diese Seezunge hat die Farbe und das Muster von Kieselsteinen, auf denen sie liegt. Wenn sie auf Schlamm kommt, nimmt sie eine Schlammfarbe an.

Plötzliche Veränderungen

Wenn einem Kraken Gefahr droht, ziehen verschiedene Farben blitzartig über seinen Körper. Das überrascht seine Feinde und verschafft dem Kraken Zeit für die Flucht.

Farben zeigen auch, wie sich ein Krake fühlt. Ein wütender Krake wird zum Beispiel oft rot.

Wie wachsen Pflanzen?

Susan Mayes
Entwickelt von Mike Pringle
Illustrationen von Brin Edwards und Mike Pringle

Überarbeitet von Philippa Wingate
Mit Dank an Katarina Dragoslavić und Rosie Dickins
Herausgeberin der Reihe: Heather Amery
Aus dem Englischen von Ellen Oberlies

Alles über Blumen

Es gibt tausende verschiedener Blumen auf der Welt. Sie wachsen in Gärten, auf dem Gemüse, auf Bäumen, auf den Straßen, in Hecken und bei dir zu Hause.

Ihre Blüten haben alle möglichen Farben, Formen und Größen. Einige riechen sehr intensiv.

Insekten und andere kleine Tiere besuchen sie. Viele Blumen sterben jedes Jahr ab und wachsen später wieder.

Manche Blumen leben in sehr warmen Ländern und andere an kalten Orten. An manchen Orten gibt es auch ganz seltsame Blumen.

Warum haben ihre Blüten unterschiedliche Farben und Gerüche? Warum wachsen sie immer wieder und was brauchen sie, um gut zu gedeihen? Was sind die seltsamsten Blumen? All das kannst du in diesem Teil des Buches herausfinden.

Genau besehen

Wenn du eine Blume aus der Nähe betrachtest, kannst du sehen, dass sie aus verschiedenen Teilen besteht. Jeder hat seine spezielle Aufgabe.

Eine Mohnblüte

Die Knospe wächst sicher zwischen zwei Kelchblättern heran.

Der Fruchtknoten befindet sich in der Mitte der Blüte. In ihm wachsen neue Samen heran.

Kelchblätter schützen die Knospe und hindern Vögel und Insekten daran, sie aufzufressen.

Wenn die Knospe groß genug geworden ist, öffnet sie sich und die Blütenblätter strecken sich aus.

Die Narbe ist klebrig. Sie sitzt oben auf dem Stempel.

Die Staubblätter wachsen rund um den Stempel.

Auf jedem Staubblatt sitzt ganz feiner Staub, Pollen genannt.

Verschiedene Blumen

Die meisten Blumen haben die gleichen Teile, doch sie können alle möglichen Farben, Formen und Größen haben.

Eine gelbe Seerose hat große Blütenblätter außen und ganz viele kleine Blütenblätter innen.

Fuchsien haben lange Staubblätter und bunte Kelch- und Blütenblätter.

Eine Narzisse hat einen langen Stempel, der aus dem Fruchtknoten wächst.

Die Blütenblätter des Löwenmauls sind miteinander verbunden.

Wer besucht eine Blume?

Überall auf der Welt werden Blumen von kleinen Tieren, Vögeln und vielen Insektenarten besucht.

Die meisten Tiere suchen in Blüten nach Pollen und einer süßen Flüssigkeit (Nektar).

Winzige Vögel

Ein Kolibri fliegt vor einer bunten Blüte auf der Stelle, um mit seinem langen Schnabel Nektar zu trinken.

Fledermäuse

In manchen Ländern besuchen Fledermäuse Blumen, die ihre Blüten nachts öffnen, und suchen nach Pollen und Nektar.

Honigbienen fliegen auf der Suche nach Futter für den Wintervorrat alle möglichen Blüten an.

Schmetterlinge lassen sich auf Sommerflieder nieder und trinken mit ihren langen Rüsseln vom Nektar.

Eine Hummel klettert in einen Fingerhut, um süße Nahrung zu suchen.

Blumensignale

Viele Blumen nutzen bestimmte Signale, um Insekten und andere kleine Wesen anzulocken.

Farben

Bestimmte Farben und Kennzeichen leiten Bienen zu Blumen und zeigen ihnen, wo sie den Pollen finden.

Anders als die Bienen kannst du diese Kennzeichen nicht sehen. Bienen sehen Farben und Formen anders als du.

Gerüche

Die meisten Blumen riechen süß. Das kommt von den Blütenblättern und sagt ihren Besuchern, dass es hier Futter gibt.

Das Geißblatt hat abends einen intensiven Geruch. Dann kommen die Nachtfalter und suchen nach Nahrung.

Ein ekliger Geruch

Fliegen legen in der Aasblume ihre Eier. Sie kommen zu ihr, weil sie wie vergammeltes Fleisch aussieht und riecht.

Besucher bei der Arbeit

Insekten und andere kleine Tiere helfen den Pflanzen, wenn sie bei ihnen Futter suchen. Sie tragen Pollen von einer Blume zur nächsten. So können Samen entstehen.

Wenn eine Biene auf einer Blüte landet, bleibt etwas Pollen von den Staubblättern an ihren Beinen hängen.

Die Biene fliegt zur nächsten Blüte und streift den Pollen am Stempel der Blüte ab.

Immer wieder bleibt Pollen an der Biene hängen, wenn sie auf den Blüten herumkrabbelt.

Offen oder geschlossen

Bei schlechtem Wetter haben Blumen nicht für ihre Besucher geöffnet. Sie schließen sich dann, um den Pollen trocken zu halten.

Eine Tagblume schließt ihre Blütenblätter bei Nacht, um zu verhindern, dass Tau den Pollen durchnässt.

Pollen in der Luft

Manche Pflanzen lassen ihren Pollen vom Wind von Blüte zu Blüte tragen.

Winzige Körner

Manche Bäume haben Blüten, die Kätzchen genannt werden. Ihre winzigen goldenen Pollenkörner werden vom Wind weggeweht.

Gras hat seine Blüten an der Spitze des Halms. So ist der Pollen weit oben und wird gut weggeweht.

Pollenwolken

Im Sommer kann man manchmal richtige Pollenwolken in der Luft sehen.
Leute, die Heuschnupfen haben, müssen dann dauernd niesen.

Wusstest du das?

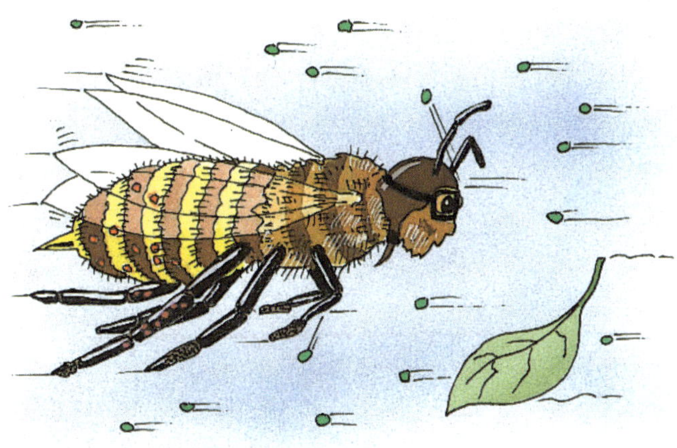

Pollen, der von Besuchern von Blüte zu Blüte getragen wird, ist klebrig. Pollen, der vom Wind verweht wird, ist glatt und trocken.

Alles über Samen

Eine Pflanze kann keine Samen bilden, bevor nicht Pollen auf ihren Stempel gekommen ist. Der Pollen muss von der gleichen Pflanzenart stammen.

1. Pollen, die von Besuchern oder dem Wind transportiert wurden, landen auf einer neuen Blüte. Sie bleiben am Stempel kleben.

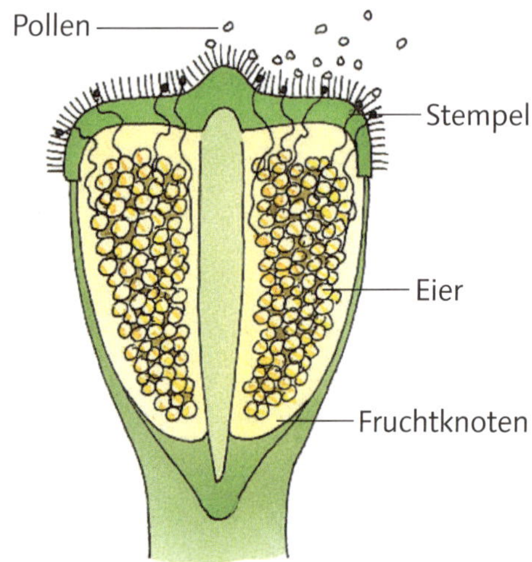

2. Die Körnchen wandern zu den winzigen Eiern in der Samenhülse. Sie lassen aus den Eiern Samen wachsen.

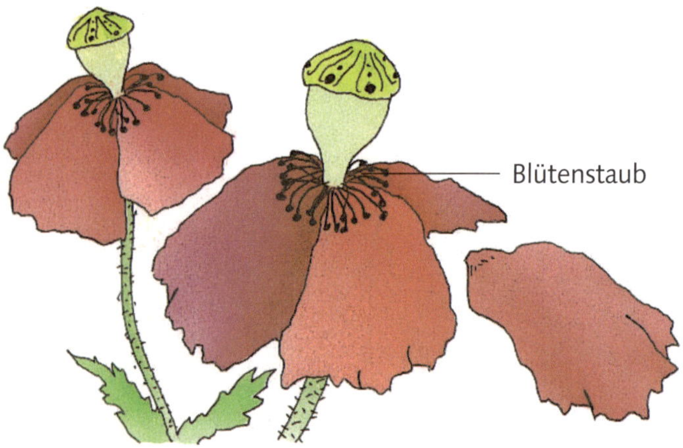

3. Die Blume braucht ihre Blütenblätter und ihre Staubblätter nicht mehr. Sie fallen ab und nur die Samenhülse bleibt übrig.

4. Die Samen wachsen, bis sie reif sind. Die Samen dieser Blume schießen durch kleine Löcher hinaus.

Verschiedene Samen

Viele Pflanzen haben Samen, die man essen kann.

Maroni, Walnüsse und Kokosnüsse sind drei Samenarten von Bäumen.

Sonnenblumenkerne werden für die Herstellung von Öl und Margarine benutzt. Du kannst sie auch einfach aus der Blüte holen und essen.

Innen und außen

Erdbeersamen wachsen außen an der Frucht. Es sind winzige gelbe Körnchen.

Apfel- und Orangensamen wachsen in der Frucht heran.

Tomaten haben innen viele kleine gelbe Samen.

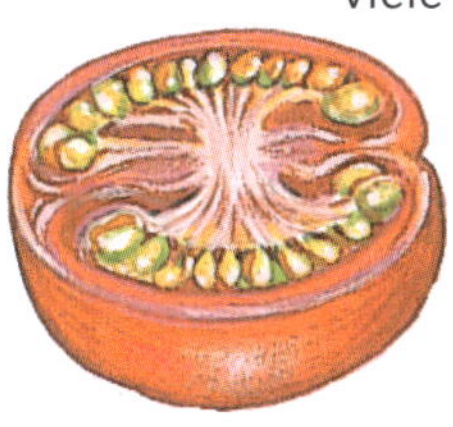

Bohnen und Erbsen sind Samen in Hülsen.

Brombeeren bestehen aus vielen kleinen Kugeln mit Samen innendrin.

Samen auf der Reise

Aufgeplatzt

Die Samen der Iris wachsen in der farbigen, runden Frucht heran. Wenn die Frucht reif ist, platzt sie auf und die Samen fallen auf den Boden.

Wollbälle

Die großen plüschigen Samenstände der Clematis werden mit den Samen vom Wind weggetragen.

Samen verlassen ihre Pflanzen auf verschiedenen Wegen. Die meisten von ihnen werden vom Wind verweht oder von Tieren weggetragen.

Vögel fressen gern bunte Beeren. Dabei tragen sie die Samen weg.

Samen mit Haken oder klebrigen Haaren bleiben an Vögeln oder anderen Tieren hängen.

Kastanien, die Samen der Rosskastanie, fallen in ihren grünen, stacheligen Schalen auf den Boden.

Die Samen des Ahornbaumes rotieren wie kleine Hubschrauber Richtung Boden.

Löwenzahnsamen werden vom Wind weggeweht.

Wenn Mohnsamen reif sind, fallen sie aus den Samenkapseln heraus.

Ameisen tragen Samen weg und bewahren sie als Wintervorrat auf.

Viele Samen sterben ab oder werden aufgefressen. Doch manche werden mit Erde oder Blättern bedeckt. Dort liegen sie den Winter über, bis der Frühling kommt.

Pflanzen in der Steppe

Steppenläufer wachsen in Amerika. Wenn ihre Samen reif sind, rollt sich die Pflanze zu einer Kugel zusammen. Dann lässt sie sich vom Wind wegrollen und verteilt dabei ihre Samen.

Die schnellsten Samen

Diese Gurkenart füllt sich mit Wasser und presst ihre Samen heraus. Sie erlangen dabei eine Geschwindigkeit von etwa 100 km/h.

Wurzeln und Triebe

Im Frühjahr werden die Tage länger und wärmer. Die Samen bekommen Wärme und Feuchtigkeit, die sie zum Wachsen brauchen.

Die Wurzeln versorgen die Pflanze mit Wasser und Nährstoffen aus der Erde. Außerdem geben sie der Pflanze Halt.

Blätter und Sonnenlicht

Kleine Keimblätter ernähren die Pflanze, bis die großen Blätter gewachsen sind. Blätter haben eine spezielle Methode, aus Luft und Sonnenlicht Nährstoffe für die Pflanze zu produzieren.

Bohnen züchten

Lege etwas feuchtes Küchenpapier in ein Glas mit Wasser.

Stelle das Glas an einen warmen, hellen Ort. Die Bohnen werden aufquellen, bis sie aufbrechen und Wurzeln und Triebe hervorkommen.

Leitbahnen

Pflanzen saugen Wasser durch ihre Leitbahnen an. Das sind sehr kleine Kanäle in ihren Stängeln.

Versuch

Du brauchst:
ein großes Glas,
etwas Lebensmittelfarbe,
weiße Blumen.

In der Erde

Der Boden ist voller Dinge, die gut für Pflanzen sind. Tote Blätter, Pflanzen oder Tiere verrotten und ergeben gute Pflanzennahrung.

Gieße etwas Wasser in das Glas und füge einige Tropfen Farbe hinzu. Stelle die Blumen hinein. Nach einigen Tagen werden die Spitzen der Blütenblätter ihre Farbe ändern.

Noch zwei Tage und die Blüten werden dieselbe Farbe haben wie das Wasser. Das kommt daher, dass die Blumen das Wasser und die Farbe bis zu den Blütenblättern hinaufsaugen.

Pflanzen, die du selbst ziehen kannst

Du kannst Samenpäckchen für Blumen und Gemüse im Laden kaufen.
Hier einige Dinge, die du brauchst, wenn du selbst aussäen möchtest:

- Pflanztöpfe oder Jogurtbecher,
- Erde (am besten Komposterde),
- eine kleine Gießkanne oder einen Krug,
- eine kleine Schaufel oder einen Löffel,
- einen Teller,
- etwas Küchenpapier,
- Kresse- und Sonnenblumensamen.

Komposterde ist speziell für das Aussäen von Samen.

Kresse säen

Kresse wächst zu jeder Jahreszeit sehr leicht und schnell.

Du brauchst keine Erde. Lege einfach feuchtes Küchenpapier auf einen Teller. Streue einige Kressesamen darauf.

Du kannst die Kresse essen, wenn sie etwa 7 cm hoch ist.

Stelle den Teller an einen hellen Ort. Die winzigen Triebe werden bald zu wachsen beginnen, doch du musst darauf achten, dass das Papier immer feucht bleibt.

Sonnenblumen

Im Frühjahr kannst du Sonnenblumen in Töpfen aussäen.

Nimm einen Topf mit Erde für jeden Samen. Drücke den Sonnenblumenkern hinein und feuchte die Erde an. Halte die Erde feucht und stelle die Töpfe an einen hellen, warmen Ort.

Versuche herauszufinden, wie hoch die Sonnenblumen geworden sind.

Nach einigen Wochen werden die ersten Triebe auftauchen. Wenn sie vier Blätter haben, sind sie groß genug, um in den Garten gepflanzt zu werden.

Denk dran

Das brauchen Pflanzen, damit sie wachsen können:

Sonnenlicht, um ihre eigenen, ganz speziellen Nährstoffe herzustellen.

Wasser, aber nicht zu viel, sonst faulen sie.

Erde, denn so bekommen sie Wasser und Nährstoffe.

Wo Pflanzen wachsen

In der Stadt

Gärten und Parks sind nicht die einzigen Orte in der Stadt, an denen man Pflanzen finden kann.

Auf dem Lande

Es gibt viele verschiedene Wildpflanzen in allen Ländern. Diese hier gibt es in Europa:

An heißen Orten

Der Kaktus speichert Wasser in seinem Stängel.

In Australien gibt es Blumen, die nach Regenfällen sehr rasch wachsen.

Wüstenpflanzen haben spezielle Taktiken, mit sehr wenig Regen auszukommen.

An kalten Orten

Das Edelweiß hat eine flaumige Außenschicht. Sie schließt die Wärme ein und schützt die Pflanze gegen Kälte.

Leimkraut wächst ganz dicht am Boden, um sich vor dem eisigen Wind zu schützen.

Pflanzen, die in kalten und schneereichen Regionen leben, haben spezielle Überlebensstrategien entwickelt.

Am Wasser

Manche Pflanzen wachsen am liebsten am Meer, an Flüssen oder anderen feuchten Orten.